Ուսուցում

Eureka Math
Դասարան 2
Մոդուլներ 6 և 7

Great Minds PBC is the creator of Eureka Math®,
Wit & Wisdom®, Alexandria Plan™, and PhD Science™.

Published by Great Minds PBC. greatminds.org

Copyright © 2020 Great Minds PBC. All rights reserved. No part of this work may be reproduced or used in any form or by any means—graphic, electronic, or mechanical, including photocopying or information storage and retrieval systems—without written permission from the copyright holder.

ISBN 978-1-64929-167-7

1 2 3 4 5 6 7 8 9 10 XXX 25 24 23 22 21 20

Printed in the USA

Ուսուցում ♦ Պրակտիկա ♦ Արդյունք

«Eureka Math»-ի® «A Story of Units»® աշակերտների համար նյութերը (K–5) հասանելի են *Ուսուցում, Պրակտիկա, Արդյունք* եռյակում: Այս շարքը նպաստում է, որպեսզի նյութերը լինեն տարաբնույթ և հետաքրքիր՝ միևնույն ժամանակ կանոնակարգված և հասանելի: *Ուսուցիչները կբացահայտեն, որ «Ուսուցում, Պրակտիկա և Արդյունք» շարքն առաջարկում է նաև համապարփակ և, հետևաբար, ավելի արդյունավետ եղանակ՝ Անհատական մոտեցման ցուցաբերման, լրացուցիչ աշխատանքների և ամառային ուսուցման կազմակերպման համար:*

Ուսուցում

Eureka Math-ի «Ուսուցում» բաժինը ծառայում է աշակերտներին որպես ուսումնական ուղեցույց, որտեղ նրանք ներկայացնում են այն ինչ մտածում են և գիտեն, և ամեն օր զարգացնում են իրենց գիտելիքները: «Ուսուցում» բաժնում ներառված ամենօրյա դասարանային աշխատանքները՝ գործնական խնդիրները, գնահատման թերթիկները, խնդիրները, ձևանմուշները, ներկայացված են դյուրահաս ձևով և ծավալով:

Գործնական աշխատանք

Յուրաքանչյուր «*Eureka Math*»-*ի դաս* սկսվում է մի շարք ակտիվ, իմացության ստուգման ուրախ վարժություններով՝ այդ թվում *Eureka Math-ի «Պրակտիկա» բաժնում ներառվածները:* Այն աշակերտները, ովքեր ավելի շատ գիտելիքներ ունեն մաթեմատիկայից, կարող են ավելի շատ նյութ յուրացնել առավել խորությամբ: «Պրակտիկա» *բաժնում* աշակերտները զարգացնում են նոր ձեռք բերված գիտելիքի կիրառման հմտությունները և ամրապնդում են նախորդ դասը՝ նախապատրասվելով հաջորդին:

«Ուսուցում» և *«Պրակտիկա»* բաժինները միասին աշակերտներին տրամադրում են տպագիր բոլոր նյութերը, որոնք նրանք կօգտագործեն մաթեմատիկայի հիմնական դասընթացի համար:

Արդյունք

Eureka Math-ի «Արդյունք» բաժինը աշակերտներին հնարավորություն է տալիս ինքնուրույն վարպետանալ: Լրացուցիչ խնդիրները համահունչ են դասի նյութին և հարմար են որպես տնային կամ լրացուցիչ աշխատանք հանձնարարելու համար: Խնդիրներն ուղեկցվում են «Տնային աշխատանքի օգնականով», որն իրենից ներկայացնում է խնդիրների լուծման օրինակներ՝ ցույց տալով, թե ինչպես պետք է լուծել նմանատիպ խնդիրները:

Ուսուցիչներն ու դասավանդողները կարող են օգտագործել նախորդ մակարդակների *«Արդյունք» բաժնի* դասագիրքը՝ որպես ուսուցման ծրագրի մաս՝ հիմնարար գիտելիքների բացը լրացնելու համար: Աշակերտներն ավելի արագ կընկալեն ու կյուրացնեն, քանի որ ծանոթ նյութի կրկնությունը դյուրացնում է ընթացիկ մակարդակի բովանդակության կապի ստեղծումը նախորդի հետ:

EUREKA MATH®

Աշակերտներ, ընտանիքի անդամներ և դասավանդողներ.

Շնորհակալություն *Eureka Math*® թիմի անդամ դառնալու համար. այստեղ մենք վայելում ենք մաթեմատիկայի պարգևած ուրախությունը, բերկրանքը և սուր զգացմունքները:

Eureka Math-ի *դասին նոր* նյութը յուրացվում է մեծ քանակությամբ գործնական աշխատանքների և մտքերի փոխանակման արդյունքում: *«Ուսուցում»* գիրքը յուրաքանչյուր աշակերտի առաջարկում է հուշումներ և խնդիրների լուծման քայլեր, որոնք անհրաժեշտ են դասարանում սովորածն արտահայտելու և ամրապնդելու համար:

Ի՞նչ է իրենից ներկայացնում «Ուսուցում» դասագիրքը:

Գործնական խնդիրներ. խնդիրների լուծումը *«Eureka Math»-ի առաքելության անքակտելի մասն է:* Աշակերտները վստահություն և հաստատակամություն են ձեռք բերում, երբ իրենց գիտելիքները կիրառում են նոր և տարաբնույթ իրավիճակներում: Ուսումնական ծրագիրը խրախուսում է աշակերտներին կիրառել ԿՆԳ եղանակը.Կարդալ խնդիրը, Նկարել՝ խնդիրը հասկանալու համար, և Գրել հավասարումն ու լուծումը: Ուսուցիչները խրախուսում են, որպեսզի աշակերտները ցույց տան իրենց աշխատանքը և մեկը մյուսին բացատրեն, թե լուծման ինչ ռազմավարություն են ընտրել:

Խնդիրներ. Ճիշտ հաջորդականությամբ ընտրված խնդիրների ժողովածուն հնարավորություն է տալիս դասարանում ինքնուրույն աշխատել՝ անցում կատարելով մյուս խնդիրներին: Ուսուցիչները կարող են օգտագործել նախապատրաստման և անհատականացման գործընթաց՝ յուրաքանչյուր ուսանողի համար «Պետք է անել» խնդիրներ ընտրելու համար: Որոշ աշակերտներ ավելի շատ խնդիրներ են լուծում, քան մյուսները. կարևորն այն է, որ բոլոր աշակերտներն ունենան 10 րոպե ժամանակ՝ իրենց սովորածը ուսուցչին անմիջապես ցույց տալու համար՝ նրա կողմից ստանալով թեթև օգնություն:

Դասի կուլմինացիոն պահը աշակերտների խնդիրների լուծումների պատասխաններն են՝ հարցուպատասխանը: Այստեղ աշակերտները մտածում են իրենց հասակակիցների և ուսուցչի հետ՝ ձևակերպելով և ամրապնդելով այն, ինչ նրանց հետաքրքրել է, նկատել են և սովորել են օրվա ընթացքում:

Գնահատման թերթիկներ. Աշակերտներն ուսուցչին ցույց են տալիս իրենց գիտելիքները ամենօրյա Գնահատման թերթիկների միջոցով: Գիտելիքի այս ստուգումը ուսուցչին կարևոր տեղեկություն է հաղորդում տվյալ օրվա ուսուցման արդյունավետության վերաբերյալ՝ ցույց տալով նրան, թե ինչի վրա պետք է ուշադրություն դարձնել հաջորդ անգամ:

Ձևանմուշներ. ժամանակ առ ժամանակ Գործնական խնդիրը, Խնդիրները կամ դասարանային այլ աշխատանք պահանջում են, որպեսզի աշակերտներն ունենան իրենց նկարների օրինակը, բազմակի օգտագործման մոդելը կամ տվյալները: Այս ձևանմուշները տրամադրվում են առաջին դասին, եթե պահանջվում է:

Որտե՞ղ կարող եմ ավելի շատ տեղեկություններ ստանալ «Eureka Math»-ի *նյութերի վերաբերյալ:*

Great Minds® թիմը ձգտում է ապահովել աշակերտներին, ընտանիքներին և դասավանդողներին մշտապես հարստացվող նյութերի շտեմարանով, որը հասանելի է eureka-math.org կայքում: *Վեբկայքում զետեղված են նաև Eureka Math-ի խմբի ոգեշնչող հաջողության պատմություններ: Կիսվեք ձեր տպավորություններով և ձեռքբերումներով այլ օգտատերերի հետ՝ դառնալով Eureka Math-ի չեմպիոն:*

Լավագույն մաղթանքները ուսումնական տարվա կապակցությամբ, որը հուսով ենք հարուստ կլինի «Էվրիկայի պահերով»:

Ջիլ Դինիզ
Մաթեմատիկայի բաժնի տնօրեն
Great Minds

Կարդալ–Նկարել–Գրել եղանակ

Eureka Math ուսումնական ծրագիրն օգնում է աշակերտներին խնդիրների լուծման գործընթացում՝ առաջարկելով նրանց պարզ, կրկնվող եղանակ, որը կսովորեցնի ուսուցիչը: Կարդալ–Նկարել–Գրել (ԿՆԳ) եղանակը կոչ է անում աշակերտներին

1. Կարդալ խնդիրը:
2. Նկարել և նշումներ անել:
3. Գրել հավասարում:
4. Գրել բառային նախադասություն (պնդում):

Ուսուցիչներին առաջարկվում է անցկացնել գործընթացը՝ միջամտելով այսպիսի հարցադրումներով՝

- Ի՞նչ եք տեսնում:
- Կարո՞ղ ես մի բան նկարել:
- Ի՞նչ եզրակացություններ կարող ես անել քո նկարից:

Ինչքան շատ աշակերտները մասնակցեն այս համակարգված մոտեցմամբ խնդիրների տրամաբանական լուծմանը, այնքան ավելի լավ կյուրացնեն մտածելու գործընթացն և այն բնազդաբար կկիրառեն հետագայում:

Բովանդակություն

Մոդուլ 6: Բազմապատկման և բաժանման հիմունքներ

Թեմա A. Հավասար խմբերի ձևավորումը

Դաս 1 3
Դաս 2 9
Դաս 3 15
Դաս 4 21

Թեմա B. Շարվածքներ և հավասար խմբեր

Դաս 5 27
Դաս 6 33
Դաս 7 39
Դաս 8 45
Դաս 9 51

Թեմա C. Ուղղանկյուն շարվածքներ և բազմապատման և բաժանման հիմունքներ

Դաս 10 55
Դաս 11 61
Դաս 12 67
Դաս 13 73
Դաս 14 79
Դաս 15 85
Դաս 16 91

Թեմա D. Զույգ և կենտ թվերի հասկացությունը

Դաս 17 99
Դաս 18 105
Դաս 19 111
Դաս 20 117

Մոդուլ 7. Խնդիրների լուծում՝ կապված երկարության, փողի և տվյալների հետ

Թեմա A. Խնդիրների լուծում կատեգորիական տվյալներով

Դաս 1 125

Դաս 2 133

Դաս 3 143

Դաս 4 151

Դաս 5 159

Թեմա B. Խնդիրների լուծում մետաղադրամներով և թղթադրամներով

Դաս 6 169

Դաս 7 175

Դաս 8 181

Դաս 9 187

Դաս 10 193

Դաս 11 199

Դաս 12 205

Դաս 13 211

Թեմա C. Դյույմանոց քանոնի ստեղծում

Դաս 14 217

Դաս 15 223

Թեմա D. Սովորական և մետրային միավորների օգնությամբ երկարության չափումը և գնահատումը

Դաս 16 229

Դաս 17 235

Դաս 18 241

Դաս 19 247

Թեմա E. Խնդիրների լուծում սովորական և մետրային միավորներով

Դաս 20 253

Դաս 21 257

Դաս 22 263

Թեմա F. Չափման տվյալների ներկայացումը

Դաս 23 271

Դաս 24 277

Դաս 25 283

Դաս 26 289

Դասարան 2
Մոդուլ 6

Յուլիսան ունի 12 փափուկ խաղալիք-կենդանիներ: Նա ցանկանում է յուրաքանչյուր 3 զամբյուղի մեջ դնել նույն քանակությամբ կենդանիներ:

a. Նկարեք՝ ցույց տալով, թե ինչպես կարող է նա կենդանիներին բաժանել 3 հավասար խմբի:

EUREKA MATH Դաս 1. Հաշվային առարկաներով կազմեք հավասար խմբեր: 3

b. Լրացրեք արտահայտությունը:

Յուլիսան յուրաքանչյուր զամբյուղի մեջ դրեց _____ կենդանի:

Անուն _____ Ամսաթիվ _____

1. Շրջանակի մեջ առեք երկուական խնձորներով խմբեր:

   Կան _____ երկուական խնձորներով խմբեր:

2. Շրջանակի մեջ առեք երեքական գնդակների խմբեր:

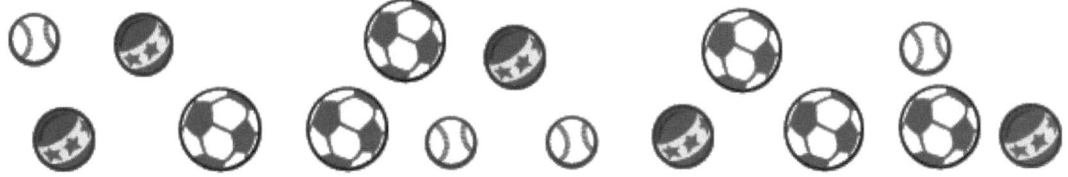

   Կան _____ երեքական գնդակների խմբեր:

3. 12 նարինջները բաժանեք 4 հավասար խմբի ու նկարեք:

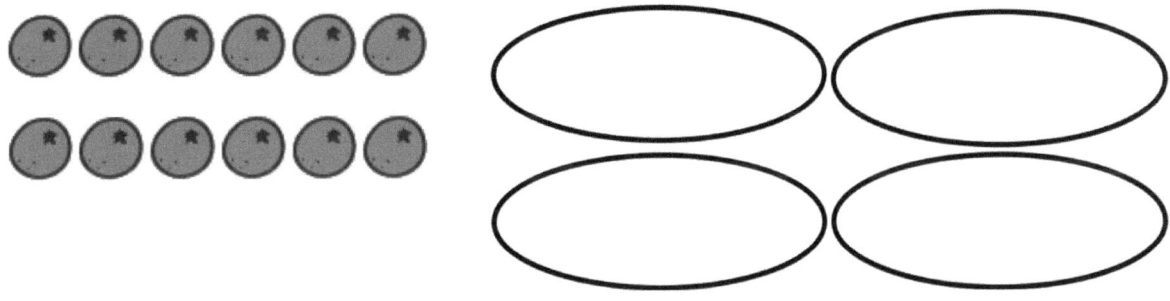

   4 խումբ՝ յուրաքանչյուրում _____ նարինջ

4. 12 նարինջները բաժանեք 3 հավասար խմբի ու նկարեք:

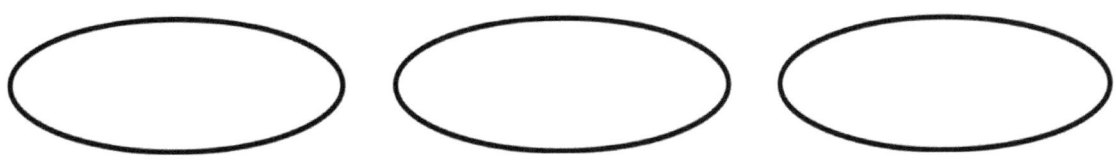

   3 խումբ՝ յուրաքանչյուրում _____ նարինջ

5. Նկարեք ծաղիկներն այնպես, որպեսզի յուրաքանչյուր 3 խմբում լինի հավասար քանակությամբ ծաղիկ:

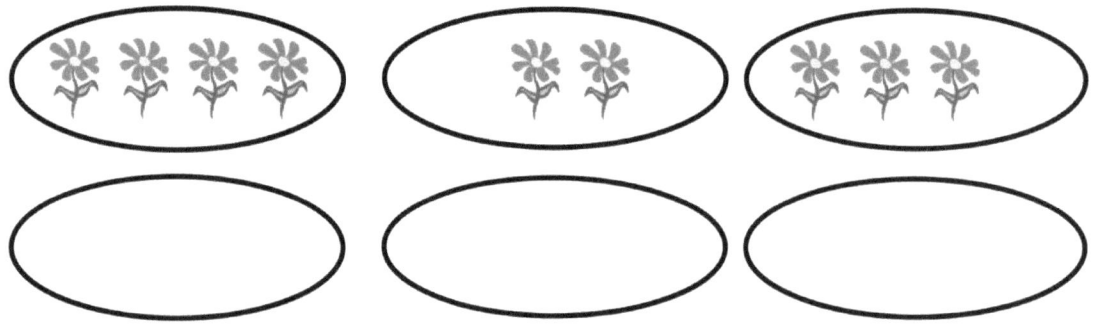

3 խումբ՝ յուրաքանչյուրում _______ ծաղիկ= ______ ծաղիկ:

6. Նկարեք կիտրոններն այնպես, որպեսզի յուրաքանչյուր 2 խմբում լինի հավասար քանակությամբ կիտրոն:

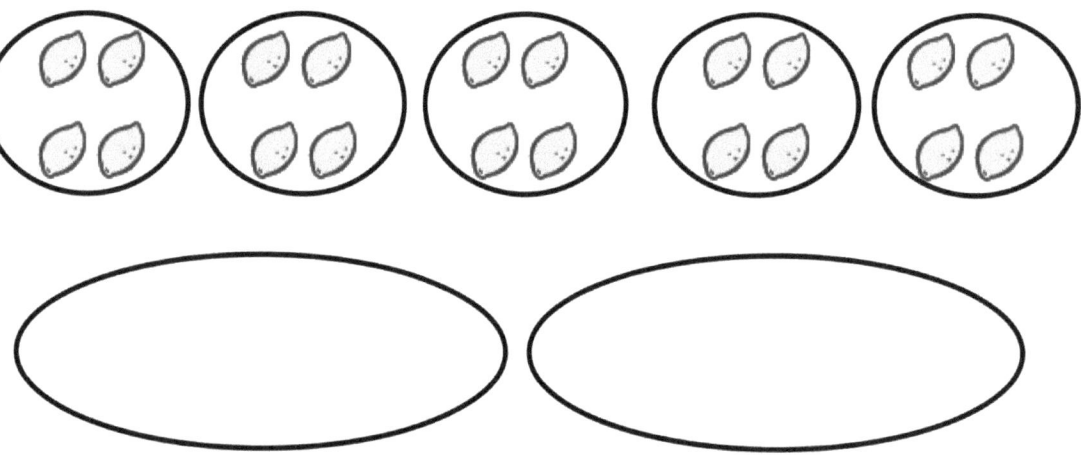

2 խումբ՝ յուրաքանչյուրում _______ կիտրոն= ______ կիտրոն:

EUREKA MATH

ՄԻԱՎՈՐՆԵՐԻ ՊԱՏՄՈՒԹՅՈՒՆ　　　Դաս 1 Գնահատման թերթիկ　2•6

Անուն _____　Ամսաթիվ _____

1. Շրջանակի մեջ առեք 4-ական գլխարկների խմբեր:

2. Ուրախ դեմքերը բաժանեք 3 հավասար խմբի ու նկարեք:

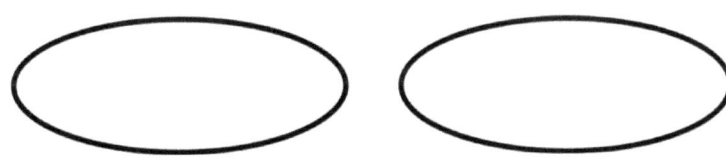

2 խումբ՝ յուրաքանչյուրում _____ = _____:

Մայրան իր գուլպաները տեսակավորում է ըստ գույնի։ Նա ունի 4 մանուշակագույն, 4 դեղին, 4 վարդագույն և 4 նարնջագույն գուլպա։

a. Նկարեք գուլպաների խմբերը՝ ցույց տալով, թե ինչպես է Մայրան տեսակավորում դրանք։

b. Գրեք կրկնվող գումարման համապատասխան հավասարում։

c. Ընդամենը քանի՞ գուլպա ունի Մայրան:

_____

_____

_____

Անուն ________________________________ Ամսաթիվ ________________

1. Գրեք կրկնվող գումարման հավասարում՝ ցույց տալով յուրաքանչյուր խմբի առարկաների թիվը: Այնուհետև գտեք ընդհանուր թիվը:

a.

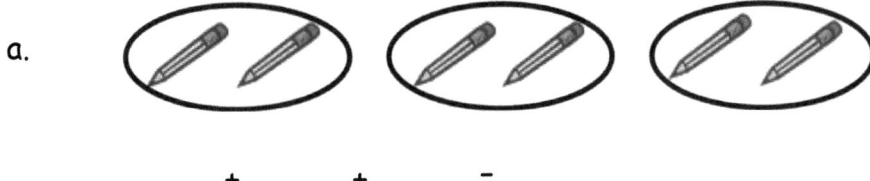

_____ + _____ + _____ = _____

3 խումբ՝ յուրաքանչյուրում _____ = _____

b.

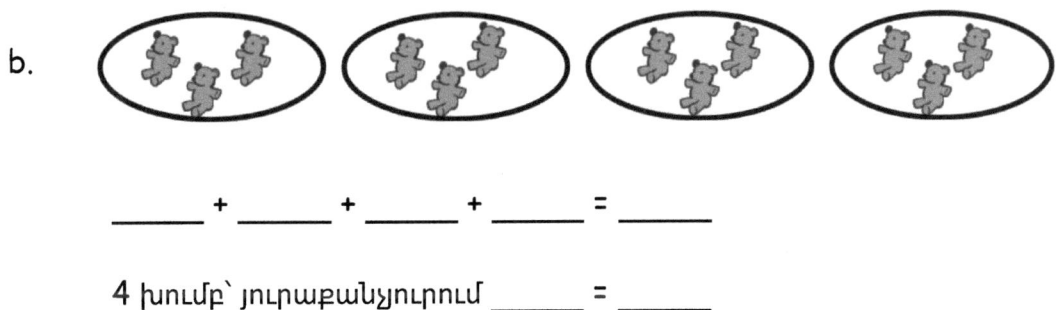

_____ + _____ + _____ + _____ = _____

4 խումբ՝ յուրաքանչյուրում _____ = _____

2. Նկարեք չորսից բաղկացած ևս 1 խումբ: Այնուհետև գրեք կրկնվող գումարման համապատասխան հավասարում:

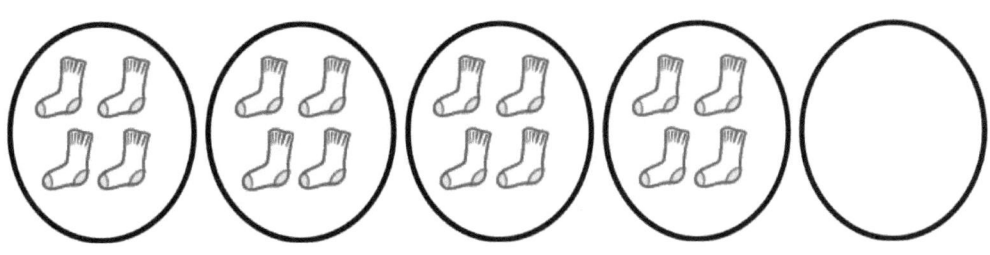

_____ + _____ + _____ + _____ + _____ = _____

5 խումբ՝ յուրաքանչյուրում _____ = _____

Դաս 2. Մաթեմատիկական գծագրերով ներկայացրեք հավասար խմբեր՝ օգտագործելով կրկնակի գումարում:

3. Նկարեք երեքից բաղկացած ևս 1 խումբ: Այնուհետև գրեք կրկնվող գումարման համապատասխան հավասարում:

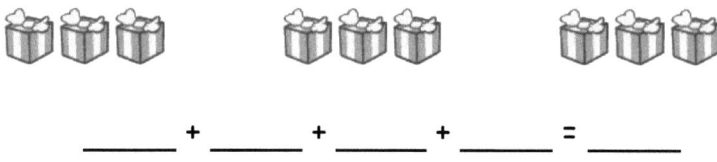

_____ + _____ + _____ + _____ = _____

_____ խումբ՝ յուրաքանչյուրում 3 = _____

4. Նկարեք ևս 2 հավասար խումբ: Այնուհետև գրեք կրկնվող գումարման համապատասխան հավասարում:

_____ + _____ + _____ + _____ + _____ = _____

_____ խումբ՝ յուրաքանչյուրում 2 = _____

5. Նկարեք 5 աստղերից բաղկացած 3 խումբ: Այնուհետև գրեք կրկնվող գումարման համապատասխան հավասարում:

Անուն _____ Ամսաթիվ _____

1. Նկարեք ևս 1 հավասար խումբ։

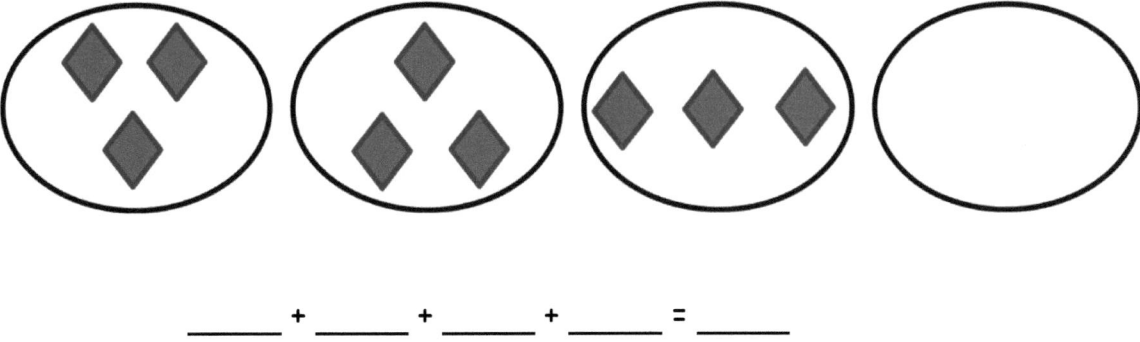

_____ + _____ + _____ + _____ = _____

4 խումբ՝ յուրաքանչյուրում _____ = _____

2. Նկարեք 3 աստղերից բաղկացած 2 խումբ։ Այնուհետև գրեք կրկնվող գումարման համապատասխան հավասարում։

ՄԻԱՎՈՐՆԵՐԻ ՊԱՏՄՈՒԹՅՈՒՆ   Դաս 3 Գործնական խնդիր   2•6

Յուրաքանչյուր տուփի մեջ կա 2 մարկեր։ Եթե Ջեսին ունի 6 տուփ մարկեր, ընդհանուր քանի՞ մարկեր նա ունի։

a. Նկարեք Ջեսիի մարկերների տուփերի խմբերը։

b. Գրեք կրկնվող գումարման հավասարում՝ ըստ ձեր նկարածի։

c. Զույգերով խմբավորեք գումարելիները և իրար գումարեք, որպեսզի ստանաք ընդհանուր թիվը:

Անուն _____   Ամսաթիվ _____

1. Գրեք կրկնվող գումարման հավասարում՝ նկարին համապատասխան: Այնուհետև զույգերով խմբավորեք գումարելիները՝ ցույց տալով գումարման ավելի հեշտ եղանակ:

a.

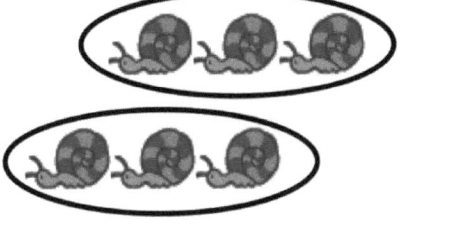

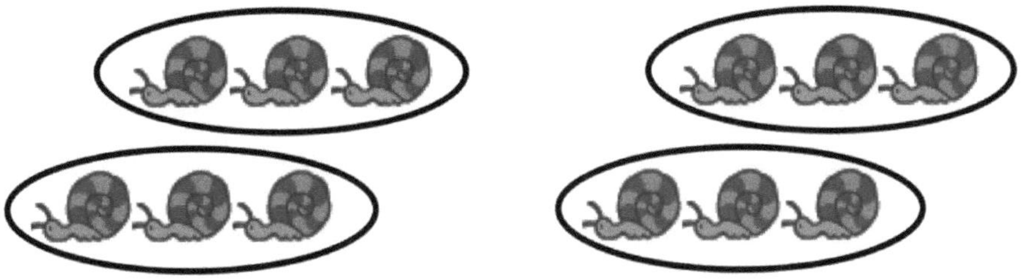

____ + ____ + ____ + ____ = ____

\ / \ /

_____ + _____ = _____

4 խումբ՝ յուրաքանչյուրում _____ = 2 խումբ՝ յուրաքանչյուրում _____

b.

____ + ____ + ____ + ____ = ____

____ + ____ = ____

4 խումբ՝ յուրաքանչյուրում ____ = 2 խումբ՝ յուրաքանչյուրում ____

c.

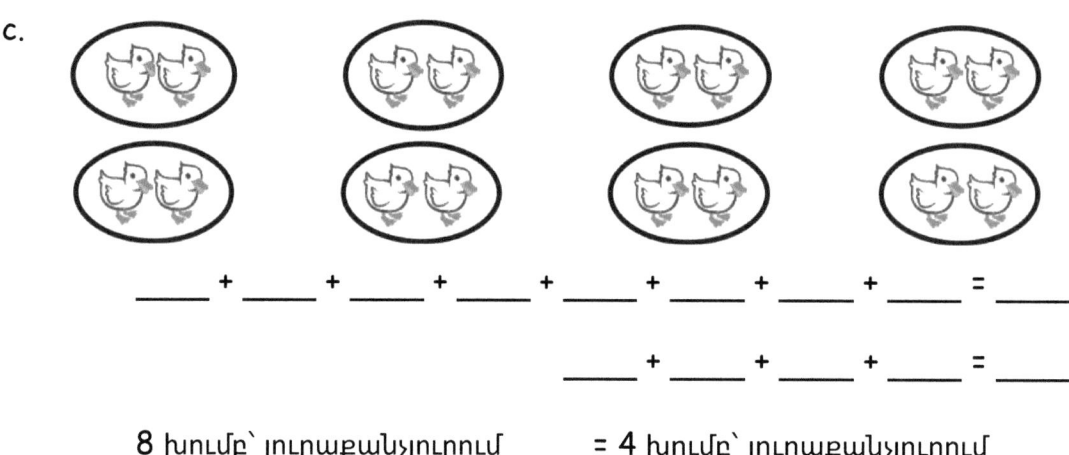

___ + ___ + ___ + ___ + ___ + ___ + ___ + ___ = ___

___ + ___ + ___ + ___ = ___

8 խումբ՝ յուրաքանչյուրում ___ = 4 խումբ՝ յուրաքանչյուրում ___

2. Գրեք կրկնվող գումարման հավասարում նկարին համապատասխան: Այնուհետև զույգերով խմբավորեք գումարելիները և իրար գումարեք, որպեսզի ստանաք ընդհանուր թիվը:

a.

___ + ___ + ___ + ___ + ___ = ___

___ + ___ + 3 = ___

___ + 3 = ___

b.

___ + ___ + ___ = ___

___ + 3 = ___

ՄԻԱՎՈՐՆԵՐԻ ՊԱՏՄՈՒԹՅՈՒՆ   Դաս 3 Գնահատման թերթիկ   2•6

Անուն _____ Ամսաթիվ _____

Գրեք կրկնվող գումարման հավասարում՝ նկարին համապատասխան։ Այնուհետև զույգերով խմբավորեք գումարելիները՝ ցույց տալով գումարման ավելի հեշտ եղանակ։

_____ + _____ + _____ + _____ = _____

_____ + _____ = _____

4 խումբ՝ յուրաքանչյուրում _____ = 2 խումբ՝ յուրաքանչյուրում _____

R (ուշադիր կարդացեք խնդիրը:)

Մարիայի պարտեզում ծաղիկներ են աճում: Կա 3 վարդ, 3 հրանունկ, 3 արևածաղիկ, 3 երիցուկ և 3 կակաչ: Ընդհանուր քանի՞ ծաղիկ կա:

a. Նկարեք դիագրամ՝ խնդրին համապատասխան:
b. Լուծման համար գրեք կրկնվող գումարման հավասարում:

ՄԻԱՎՈՐՆԵՐԻ ՊԱՏՄՈՒԹՅՈՒՆ　　　　Դաս 4 Գործնական խնդիր　2•6

W (Գրեք իրադրությանը համապատասխան պնդում:)

_____

_____

_____

Անուն ______________________________ Ամսաթիվ ______________

1. Գրեք կրկնվող գումարման հավասարում՝ յուրաքանչյուր դիագրամի ընդհանուր թիվը գտնելու համար:

a.

_____ + _____ + _____ + _____ = _____

4 խումբ՝ յուրաքանչյուրում 2 = _____

b.

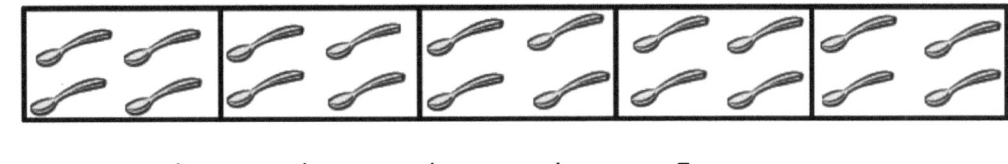

_____ + _____ + _____ + _____ + _____ = _____

5 խումբ՝ յուրաքանչյուրում_____ = _____

c.

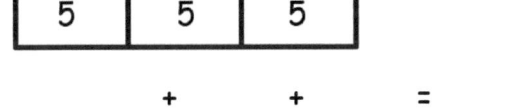

5	5	5

_____ + _____ + _____ = _____

3 խումբ՝ յուրաքանչյուրում _____ = _____

d.

3	3	3	3	3	3

_____ + _____ + _____ + _____ + _____ + _____ = _____

_____ խումբ՝ յուրաքանչյուրում _____ = _____

ՄԻԱՎՈՐՆԵՐԻ ՊԱՏՄՈՒԹՅՈՒՆ   Դաս 4 Խնդիրներ 2•6

2. Գծեք դիագրամ՝ ընդհանուր թիվը գտնելու համար:

a. 3 + 3 + 3 + 3 = _____

b. 4 + 4 + 4 = _____

c. 5 խումբ՝ յուրաքանչյուրում 2

d. 4 խումբ՝ յուրաքանչյուրում 4

e.

Անուն _____ Ամսաթիվ _____

Գծեք դիագրամ՝ ընդհանուր թիվը գտնելու համար։

1. ★★★★ ★★★★ ★★★★

2. 3 խումբ՝ յուրաքանչյուրում 3

3. 2 + 2 + 2 + 2 + 2

ՄԻԱՎՈՐՆԵՐԻ ՊԱՏՄՈՒԹՅՈՒՆ   Դաս 5 Գործնական խնդիր   2•6

Տիկին Ուայթը հերթ է կանգնել բանկում: Գանձապահի 4 պատուհան կա, և 3 մարդ հերթ է կանգնած յուրաքանչյուր պատուհանի մոտ:

a. Նկարեք շարվածք՝ ցույց տալով բանկում հերթ կանգնած մարդկանց:

Դաս 5. Կազմեք շարվածքներ՝ շարքերով և սյունակներով, և հաշվեք առարկաների ընդհանուր թիվը:

ՄԻԱՎՈՐՆԵՐԻ ՊԱՏՄՈՒԹՅՈՒՆ   Դաս 5 Գործնական խնդիր   2•6

b. Գրեք մարդկանց ընդհանուր թիվը:

_____

_____

_____

Դաս 5.   Կազմեք շարվածքներ՝ շարքերով և սյունակներով, և հաշվեք առարկաների ընդհանուր թիվը:

ՄԻԱՎՈՐՆԵՐԻ ՊԱՏՄՈՒԹՅՈՒՆ

Դաս 5 Խնդիրներ 2•6

Անուն _____ Ամսաթիվ _____

1. Շրջանակի մեջ առեք չորսական խմբեր։ Այնուհետև նկարեք եռանկյունները 2 հավասար շարքերում։

2. Շրջանակի մեջ առեք երկուական խմբեր։ Նկարեք երկուական խմբերը շարքերի վրա, այնուհետև սյունակներում։

3. Շրջանակի մեջ առեք երեքական խմբեր։ Նկարեք երեքական խմբերը շարքերի վրա, այնուհետև սյունակներում։

Դաս 5. Կազմեք շարվածքներ՝ շարքերով և սյունակներով, և հաշվեք առարկաների ընդհանուր թիվը։

4. Հաշվեք առարկաները շարվածքներում ձախից աջ՝ շարքերով և սյունակներով: Հաշվելիս շրջանակի մեջ առեք շարքերը, իսկ հետո սյունակները:

a.

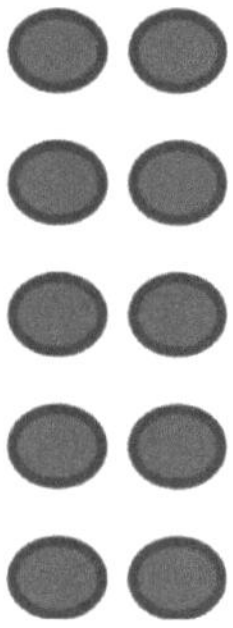

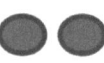

b.

5. Նկարեք 4-րդ խնդրի շրջանները և աստղերը երկուական սյունակների տեսքով:

6. Նկարեք 15 եռանկյուններով շարվածք:

7. Ուրիշ շարվածք նկարեք 15 եռանկյուններով:

ՄԻԱՎՈՐՆԵՐԻ ՊԱՏՄՈՒԹՅՈՒՆ   Դաս 5 Գնահատման թերթիկ   2•6

Անուն _____   Ամսաթիվ _____

1. Շրջանակի մեջ առեք երեքական խմբեր։ Նկարեք երեքական խմբերը շարքերի վրա, այնուհետև սյունակներում։

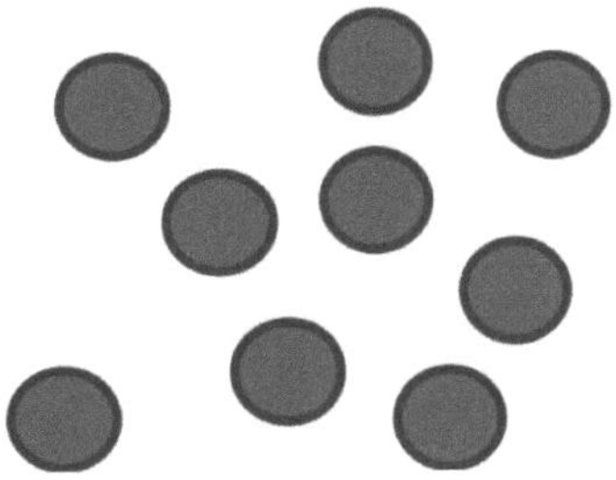

2. Լրացրեք շարվածքը՝ ավելի շատ եռանկյուններ նկարելով։ Շարվածքը պետք է բաղկացած լինի ընդամենը 12 եռանկյունից։

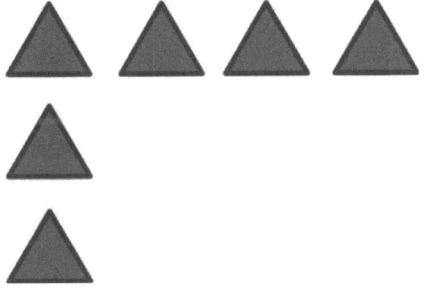

Դաս 5.   Կազմեք շարվածքներ՝ շարքերով և սյունակներով, և հաշվեք առարկաների ընդհանուր թիվը։

Սեմը դասավորում է իր շնորհավորական բացիկները։ Նա ունի 8 կարմիր և 8 կապույտ բացիկ։ Նա դասավորում է կարմիր և կապույտ բացիկները 2-ական սյունակներով։

a. Նկարեք Սեմի շնորհավորական բացիկների դասավորությունը։

b. Գրեք պնդում Սեմի դասավորության վերաբերյալ։

ՄԻԱՎՈՐՆԵՐԻ ՊԱՏՄՈՒԹՅՈՒՆ   Դաս 6 Խնդիրներ   2•6

Անուն _____   Ամսաթիվ _____

1. Լրացրեք յուրաքանչյուր դասավորությունը նկարագրող բացակայող մասը։

   Շրջանակի մեջ առեք շարքերը։   Շրջանակի մեջ առեք սյունակները։

   a.   b.

   5 շարք՝ յուրաքանչյուրում ____ = ____   3 սյունակ՝ յուրաքանչյուրում ____ = ____

   ___ + ___ + ___ + ___ + ___ = ___   ____ + ____ + ____ = ____

   Շրջանակի մեջ առեք շարքերը։   Շրջանակի մեջ առեք սյունակները։

   c.   d.

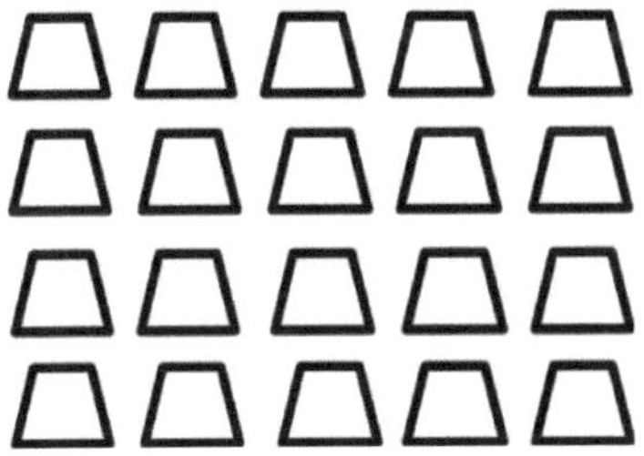

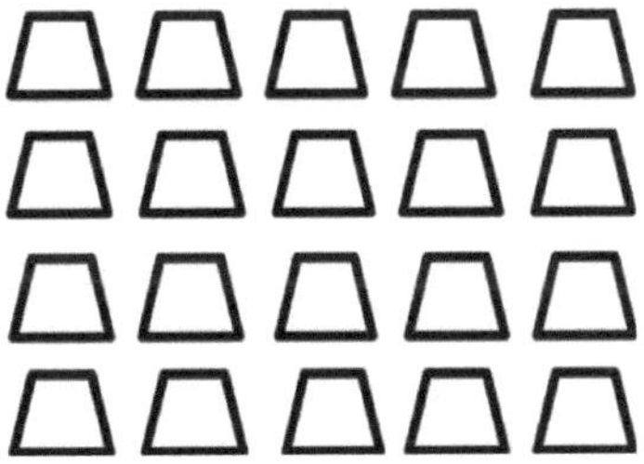

   4 շարք՝ յուրաքանչյուրում ____ = ____   5 սյունակ՝ յուրաքանչյուրում ____ = ____

   ___ + ___ + ___ + ___ = ___   ___ + ___ + ___ + ___ + ___ = ___

Դաս 6.   Բաժանեք շարվածքները շարքերի և սյունակների և կիրառեք կրկնվող գումարումը։

2. Հիմք ընդունելով եռանկյունների դասավորությունը՝ պատասխանեք ստորև հարցերին:

   a. _____ շարք՝ յուրաքանչյուրում _____ = 12

   b. _____ սյունակ՝ յուրաքանչյուրում _____ = 12

   c. _____ + _____ + _____ = _____

   d. Ավելացրեք ևս 1 շարք: Քանի՞ եռանկյուն կա հիմա: _____

   e. 2 (d) վարժության մեջ ձեր ստեղծած նոր շարվածքին ավելացրեք ևս 1 սյունակ: Քանի՞ եռանկյուն կա հիմա: _____

3. Հիմք ընդունելով քառակուսիների դասավորությունը՝ պատասխանեք ստորև հարցերին:

   a. _____ + _____ + _____ + _____ + _____ = _____

   b. _____ շարք՝ յուրաքանչյուրում _____ = _____

   c. _____ սյունակ՝ յուրաքանչյուրում _____ = _____

   d. Հեռացրեք 1 շարքը: Քանի՞ քառակուսի կա հիմա: _____

   e. 3 (d) վարժության մեջ ձեր ստեղծած նոր շարվածքից հեռացրեք 1 սյունակ: Քանի՞ քառակուսի կա հիմա: _____

Անուն _____ Ամսաթիվ _____

Հիմք ընդունելով դասավորությունը՝ պատասխանեք ստորև հարցերին։

a. ____ շարք՝ յուրաքանչյուրում ____ = ____

b. ____ սյունակ՝ յուրաքանչյուրում ____ = ____

c. ____ + ____ + ____ + ____ = ____

d. Ավելացրեք ևս 1 շարք։ Քանի՞ աստղ կա հիմա: ____

e. (d) վարժության մեջ ձեր ստեղծած նոր շարվածքին ավելացրեք ևս 1 սյունակ։ Քանի՞ աստղ կա հիմա: ____

R (ուշադիր կարդացեք խնդիրը:)

Բոբին իր խոհանոցում 3 շարք սալիկ է փռում դիզայնի համար: Ամեն շարքում նա փռում է 5 սալիկ:

a. Նկարեք Բոբիի սալիկները:

b. Բոբիի օգտագործած սալիկների ընդհանուր թիվը գտնելու համար գրեք կրկնվող գումարման հավասարում:

ՄԻԱՎՈՐՆԵՐԻ ՊԱՏՄՈՒԹՅՈՒՆ

Դաս 7 Գործնական խնդիր 2•6

W (Գրեք իրադրությանը համապատասխան պնդում:)

_____

_____

_____

ՄԻԱՎՈՐՆԵՐԻ ՊԱՏՄՈՒԹՅՈՒՆ   Դաս 7 Խնդիրներ   2•6

Անուն _____   Ամսաթիվ _____

1. a. Ստորև պատկերված է շարվածքի մի շարքը: Լրացրեք X-երի շարվածքն այնպես, որպեսզի դառնա 3 շարք՝ յուրաքանչյուրում 4 հատ: Գծեք հորիզոնական գծեր՝ շարքերն առանձնացնելու համար:

   X X X X

   b. Նկարեք X-երի շարվածքն այնպես, որպեսզի այն ունենա 3 սյունակ՝ յուրաքանչյուրում 4 հատ: Գծեք ուղղահայաց գծեր՝ սյունակներն առանձնացնելու համար: Լրացրեք բացատները:

   ____ + ____ + ____ = ____

   3 շարք՝ յուրաքանչյուրում 4 հատ = ____

   3 սյունակ՝ յուրաքանչյուրում 4 հատ = ____

2. a. Նկարեք X-երի շարվածք, որը կազմված լինի 5 սյունակից՝ յուրաքանչյուրում երեք հատ:

   b. Նկարեք X-երի շարվածք, որը կազմված լինի 5 շարքից՝ յուրաքանչյուրում երեք հատ: Լրացրեք բացատները ստորև:

   ____ + ____ + ____ + ____ + ____ = ____

   5 սյունակ՝ յուրաքանչյուրում երեք հատ = ____

   5 շարք՝ յուրաքանչյուրում երեք հատ = ____

Դաս 7. Ներկայացրեք շարվածքները և տարբերակեք շարքերն ու սյունակները՝ օգտագործելով մաթեմատիկական գծագրեր:

ՄԻԱՎՈՐՆԵՐԻ ՊԱՏՄՈՒԹՅՈՒՆ

Դաս 7 Խնդիրներ 2•6

Հետևյալ խնդիրներում առանձնացրեք շարքերն ու սյունակները հորիզոնական և ուղղահայաց գծերով:

3. Նկարեք X-երի շարվածք, որը կազմված լինի 4 շարքից՝ յուրաքանչյուրում երեք հատ:

   _____ + _____ + _____ + _____ = _____

   4 շարք՝ յուրաքանչյուրում 3 հատ = _____

4. Նկարեք X-երի շարվածք, որի շարքերը լինեն խնդիր 3-ի շարքերից 1-ով ավելի՝ յուրաքանչյուրում 3 հատ: Գրեք կրկնվող գումարման հավասարում՝ գտնելու համար X-երի ընդհանուր թիվը:

5. Նկարեք X-երի շարվածք, որի սյունակները լինեն խնդիր 4-ի սյունակներից 1-ով պակաս՝ յուրաքանչյուրում 5 հատ: Գրեք կրկնվող գումարման հավասարում՝ X-երի ընդհանուր թիվը գտնելու համար:

ՄԻԱՎՈՐՆԵՐԻ ՊԱՏՄՈՒԹՅՈՒՆ

Դաս 7 Գնահատման թերթիկ 2•6

Անուն _____ Ամսաթիվ _____

Հորիզոնական և ուղղահայաց գծերի օգնությամբ առանձնացրեք շարքերը սյունակներից։

1. Նկարեք X-երի շարվածք, որը կազմված լինի 3 շարքից՝ յուրաքանչյուրում 5 հատ։

    ___ + ___ + ___ = ___

    3 շարք՝ յուրաքանչյուրում 5 = _____

2. Նկարեք X-երի շարվածք, որի շարքերը 1-ով ավելի լինեն վերևի շարվածքից։ Գրեք կրկնվող գումարման հավասարում X-երի ընդհանուր թիվը գտնելու համար։

Դաս 7. Ներկայացրեք շարվածքները և տարբերակեք շարքերն ու սյունակները՝ օգտագործելով մաթեմատիկական գծագրեր։

Չարլին 16 բլոկ ունի իր սենյակում։ Նա ցանկանում է հավասար աշտարակներ կառուցել, որոնցից յուրաքանչյուրը բաղկացած կլինի 5 բլոկից։

a. Նկարեք Չարլիի աշտարակները։

b. Քանի՞ աշտարակ կարող է Չարլին կառուցել:

_____

_____

c. Եվս քանի՞ բլոկ է հարկավոր Չարլիին, որպեսզի նա կարողանա կառուցել 5 բլոկից բաղկացած հավասար աշտարակներ:

_____

_____

ՄԻԱՎՈՐՆԵՐԻ ՊԱՏՄՈՒԹՅՈՒՆ   Դաս 8 Խնդիրներ   2•6

Անուն _____   Ամսաթիվ _____

1. Ստեղծեք քառակուսիներով շարվածք:

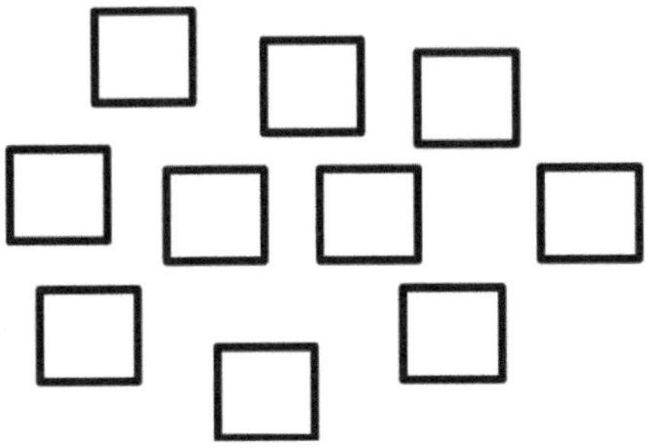

   _____
   _____

2. Ստեղծեք շարվածք վերևում պատկերված խմբից:

3. Հիմք ընդունելով քառակուսիների դասավորությունը՝ պատասխանեք ստորև հարցերին:

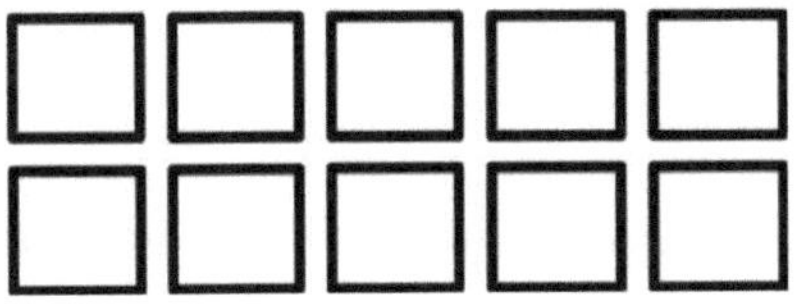

   a. Յուրաքանչյուր շարքում կա _____ քառակուսի:

   b. _____ + _____ = _____

   c. Յուրաքանչյուր սյունակում կա _____ քառակուսի:

   d. _____ + _____ + _____ + _____ + _____ = _____

Դաս 8.   Ստեղծեք շարվածքներ քառակուսի սալիկներով՝ դրանց միջև թողնելով արանքներ:

4. Հիմք ընդունելով քառակուսիների դասավորությունը՝ պատասխանեք ստորև հարցերին:

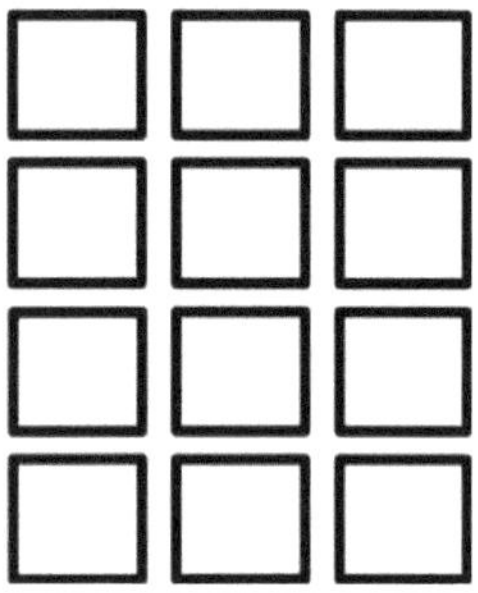

   a. Մեկ շարքում կա _____ քառակուսի:

   b. Մեկ սյունակում կա _____ քառակուսի:

   c. _____ + _____ + _____ = _____

   d. 3 սյունակ՝ յուրաքանչյուրում _____ = _____ շարք՝ յուրաքանչյուրում _____ = _____ ընդամենը

5. a. Նկարեք 8 քառակուսիներով շարվածք, որը կունենա 2 քառակուսի յուրաքանչյուր սյունակում:

   b. Գրեք շարվածքին համապատասխանող կրկնվող գումարման հավասարում:

6. a. Նկարեք 20 քառակուսիներով շարվածք, որը կունենա 4 քառակուսի յուրաքանչյուր սյունակում:

   b. Գրեք շարվածքին համապատասխանող կրկնվող գումարման հավասարում:

   c. Պատկերեք դիագրամ ձեր կրկնվող գումարման հավասարման և շարվածքին համապատասխան:

Դաս 8. Ստեղծեք շարվածքներ քառակուսի սալիկներով՝ դրանց միջև թողնելով արանքներ:

ՄԻԱՎՈՐՆԵՐԻ ՊԱՏՄՈՒԹՅՈՒՆ   Դաս 8 Գնահատման թերթիկ   2•6

Անուն _____ Ամսաթիվ _____

1. Հիմք ընդունելով քառակուսիների դասավորությունը՝ պատասխանեք ստորև հարցերին։

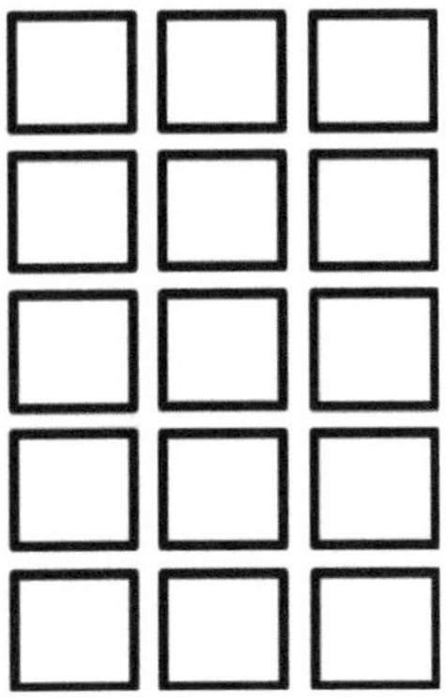

   a. Մեկ շարքում կա _____ քառակուսի։

   b. Մեկ սյունակում կա _____ քառակուսի։

   c. _____ + _____ = _____

   d. 3 սյունակ՝ յուրաքանչյուրում _____ = _____ շարք՝ յուրաքանչյուրում _____ = _____ ընդամենը

2. a. Նկարեք 10 քառակուսիներով շարվածք, որը կունենա 5 քառակուսի յուրաքանչյուր սյունակում։

   b. Գրեք շարվածքին համապատասխանող կրկնվող գումարման հավասարում։

Դաս 8.   Ստեղծեք շարվածքներ քառակուսի սալիկներով՝ դրանց միջև թողնելով արանքներ։

ՄԻԱՎՈՐՆԵՐԻ ՊԱՏՄՈՒԹՅՈՒՆ   Դաս 9 Խնդիրներ 2•6

Անուն _____   Ամսաթիվ _____

Յուրաքանչյուր բառային խնդրի համար նկարեք շարվածք: Գրեք յուրաքանչյուր շարվածքին համապատասխանող կրկնվող գումարման հավասարում:

1. Ջեյսոնը հավաքեց մի քանի քար: Նա դասավորեց դրանք 5 շարքով՝ յուրաքանչյուրում 3 քար: Ընդամենը քանի՞ քար էր հավաքել Ջեյսոնը:

2. Էյբին աթոռները դասավորել է 3 շարքով՝ յուրաքանչյուրում 4-ական աթոռ: Քանի՞ աթոռ է Էյբին օգտագործել:

3. Յուրաքանչյուր 3 լարի վրա 5-ական թռչուն է նստած: Ընդհանուր քանի՞ թռչուն կա լարերի վրա նստած:

4. Հենրիի տունն ունի 2 հարկ: Յուրաքանչյուր հարկում կա փողոցի կողմը նայող 4 պատուհան: Քանի՞ պատուհան է նայում փողոցի կողմը:

Դաս 9.   Լուծեք բառային խնդիրներ, որտեղ ներառված են շարքերում և սյունակներում դասավորված հավասար խմբեր:

Ամեն խնդրի համար նկարեք ժապավենաձև դիագրամ: Գրեք կրկնվող գումարման հավասարում՝ յուրաքանչյուր ժապավենաձև դիագրամին համապատասխան:

5. Մարիայի 4 ընկերներից յուրաքանչյուրն ունի 5 մարկեր: Ընդամենը քանի՞ մարկերներ ունեն Մարիայի ընկերները:

6. Մարիան նույնպես ունի 5 մարկեր: Մարիան և իր ընկերները քանի՞ մարկեր ունեն ընդհանուր:

Պատկերեք ժապավենաձև դիագրամ և շարվածք: Այնուհետև գրեք կրկնվող գումարման համապատասխան հավասարում:

7. Թղթախաղում 3 խաղացողներից յուրաքանչյուրը վերցնում է 4 քարտ: Խաղին միանում է ևս մեկ խաղացող: Քանի՞ քարտ պետք է այժմ բաժանվի:

EUREKA MATH

Անուն ______________________________ Ամսաթիվ ______________

Յուրաքանչյուր բառային խնդրի համար պատկերեք ժապավենաձև դիագրամ կամ շարվածք: Այնուհետև գրեք կրկնվող գումարման համապատասխան հավասարում:

1. Ջոշուան ամեն ժամում 3 մեքենա է լվանում աշխատանքի ժամանակ: Շաբաթ օրը նա աշխատել է 4 ժամ: Շաբաթ օրը քանի՞ մեքենա է լվացել Ջոշուան:

2. Օլիվիան իր ալբոմի յուրաքանչյուր էջում փակցրեց 5-ական ստիկեր: Նրա ալբոմի 5 էջերը լցվեցին ստիկերներով: Քանի՞ ստիկեր փակցրեց Օլիվիան:

Դաս 9. Լուծեք բառային խնդիրներ, որտեղ ներառված են շարքերում և սյունակներում դասավորված հավասար խմբեր:

R (ուշադիր կարդացեք խնդիրը:)

Սենդիի խաղալիք հեռախոսի կոճակները դասավորված են 3 սյունակով և 4 շարքով:

a. Նկարեք Սենդիի հեռախոսը:

b. Գրեք կրկնվող գումարման հավասարում՝ ցույց տալով Սենդիի հեռախոսի կոճակների ընդհանուր թիվը:

W (Գրեք իրադրությանը համապատասխան պնդում):

_____

_____

_____

ՄԻԱՎՈՐՆԵՐԻ ՊԱՏՄՈՒԹՅՈՒՆ   Դաս 10 Խնդիրներ 2•6

Անուն _____ Ամսաթիվ _____

Քառակուսի սալիկների օգնությամբ կառուցեք հետևյալ ուղղանկյունները, որոնք չեն ունենա արանքներ և մեկը մյուսին չեն ծածկի: Գրեք յուրաքանչյուր կառուցվածքին համապատասխանող կրկնվող գումարման հավասարում:

1. a. Կառուցեք ուղղանկյուն` բաղկացած 2 շարքից` յուրաքանչյուրում 3 սալիկ:

    _____

    b. Կառուցեք ուղղանկյուն` բաղկացած 2 սյունակից` յուրաքանչյուրում 3 սալիկ:

    _____

2. a. Կառուցեք ուղղանկյուն` բաղկացած 5 շարքից` յուրաքանչյուրում 2 սալիկ:

    _____

    b. Կառուցեք ուղղանկյուն` բաղկացած 5 սյունակից` յուրաքանչյուրում 2 սալիկ:

    _____

Դաս 10. Քառակուսի սալիկների օգնությամբ կառուցեք ուղղանկյուն` օգտագործելով շարվածքների մոդելները:

3. a. Կառուցեք 9 սալիկից բաղկացած հավասար շարքերով և սյունակներով ուղղանկյուն:

   _____

   b. Կառուցեք 16 սալիկից բաղկացած հավասար շարքերով և սյունակներով ուղղանկյուն:

   _____

4. a. Ի՞նչ պատկեր է իրենից ներկայացնում ստորև շարվածքը: _____

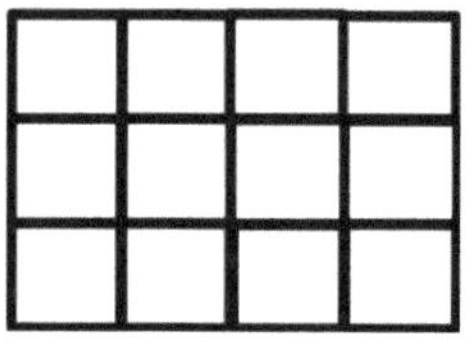

   b. Ներքևում նորից նկարեք վերևի պատկերը՝ մեկ սյունակ հեռացնելով այնտեղից:

   c. Հիմա ի՞նչ պատկեր է իրենից ներկայացնում շարվածքը: _____

Անուն _____ Ամսաթիվ _____

Այս թերթիկի վրա կառուցեք հետևյալ շարվածքները քառակուսի սալիկների օգնությամբ, որպեսզի դրանք չունենան արանքներ և մեկը մյուսին չծածկեն։ Գրեք ձեր ստեղծած կառուցվածքին համապատասխանող կրկնվող գումարման հավասարում:

1. a. Կառուցեք ուղղանկյուն՝ բաղկացած 2 շարքից՝ յուրաքանչյուրում 5 սալիկ:

   b. Գրեք կրկնվող գումարման հավասարում: _____

2. a. Կառուցեք ուղղանկյուն՝ բաղկացած 5 սյունակից՝ յուրաքանչյուրում 2 սալիկ:

   b. Գրեք կրկնվող գումարման հավասարում: _____

Թայը երկու տապակի մեջ թխում է շոկոլադե թխվածք։ Առաջին տապակում նա թխվածքը կտրում է 2 շարքով՝ յուրաքանչյուրում 8 կտոր։ Երկրորդ տապակում նա թխվածքը կտրում է 4 շարքով՝ յուրաքանչյուրում 4 կտոր։

a. Նկարեք Թայի թխած շոկոլադե թխվածքի կտորները տապակներում։

b. Գրեք կրկնվող գումարման հավասարում ցույց տալով յուրաքանչյուր տապակի շոկոլադե թխվածքի կտորների ընդհանուր թիվը։

C. Ընդհանուր քանի՞ շոկոլադե թխվածքի կտոր է թխել Թայը: Գրեք հավասարում և պնդում՝ ձեր պատասխանը ներկայացնելու համար:

____

____

____

Անուն ______________________ Ամսաթիվ ______________

Կառուցեք հետևյալ շարվածքները քառակուսի սալիկների օգնությամբ, որպեսզի դրանք չունենան արանքներ և մեկը մյուսին չծածկեն: Գրեք յուրաքանչյուր կառուցվածքին համապատասխանող կրկնվող գումարման հավասարում:

1. a. Շարքում տեղադրեք 8 քառակուսի սալիկ:

   b. Կառուցեք շարվածք 8 քառակուսի սալիկների օգնությամբ:

   c. Գրեք նոր շարվածքին համապատասխանող կրկնվող գումարման հավասարում:

   ____

2. a. Կառուցեք 12 քառակուսիներով շարվածք:

   b. Գրեք շարվածքին համապատասխանող կրկնվող գումարման հավասարում:

   ____

   c. 12 քառակուսիները վերադասավորեք այլ շարվածքով:

   d. Գրեք նոր շարվածքին համապատասխանող կրկնվող գումարման հավասարում:

   ____

ՄԻԱՎՈՐՆԵՐԻ ՊԱՏՈՒԹՅՈՒՆ   Դաս 11 Խնդիրներ   2•6

3. a. Կառուցեք 20 քառակուսիներով շարվածք։

b. Գրեք շարվածքին համապատասխանող կրկնվող գումարման հավասարում։

   _____

c. 20 քառակուսիները վերադասավորեք այլ շարվածքով։

d. Գրեք նոր շարվածքին համապատասխանող կրկնվող գումարման հավասարում։

   _____

4. Կառուցեք 2 շարվածք 6 քառակուսիներով։
   a. 2 շարք՝ յուրաքանչյուրում _____ = _____

   b. 3 շարք՝ յուրաքանչյուրում _____ = 2 շարք՝ յուրաքանչյուրում _____

5. Կառուցեք 2 շարվածք 10 քառակուսիներով։
   a. 2 շարք՝ յուրաքանչյուրում _____ = _____

   b. 5 շարք՝ յուրաքանչյուրում _____ = 2 շարք՝ յուրաքանչյուրում _____

Դաս 11. Քառակուսի սալիկների օգնությամբ կառուցեք ուղղանկյուն՝ օգտագործելով շարվածքների մոդելները։

ՄԻԱՎՈՐՆԵՐԻ ՊԱՏՄՈՒԹՅՈՒՆ

Դաս 11 Գնահատման թերթիկ 2•6

Անուն _____ Ամսաթիվ _____

a. Կառուցեք 12 քառակուսի սալիկներով շարվածք:

b. Գրեք շարվածքին համապատասխանող կրկնվող գումարման հավասարում:

_____

Դաս 11. Քառակուսի սալիկների օգնությամբ կառուցեք ուղղանկյուն՝ օգտագործելով շարվածքների մոդելները:

Լուլուն տապակի մեջ պատրաստեց շոկոլադե թխվածք։ Նա կտրեց թխվածքը 3 շարքով և 3 սյունակով։

a. Նկարեք Լուլուի շոկոլադե թխվածքի կտորները տապակում։

b. Գրեք թվային արտահայտություն՝ ցույց տալով, թե քանի՞ շոկոլադե թխվածքի կտոր ունի Լուլուն։

c. Գրեք պնդում Լուլուի շոկոլադե թխվածքի կտորների վերաբերյալ:

Լրացուցիչ խնդիր. Ինչպե՞ս պետք է Լուլուն կտրի իր շոկոլադե թխվածքը, որպեսզի հավասարապես բաժանի 12 մարդու միջև: Իսկ 16 մարդու միջև՞: Իսկ 20 մարդու միջև՞:

68 Դաս 12. Մաթեմատիկական գծագրերի օգնությամբ քառակուսի սալիկներով կազմեք ուղղանկյուն:

ՄԻԱՎՈՐՆԵՐԻ ՊԱՏՄՈՒԹՅՈՒՆ   Դաս 12 Խնդիրներ   2•6

Անուն _____ Ամսաթիվ _____

1. Առանց քառակուսի սալիկներ օգտագործելու պատկերեք շարվածք, որը բաղկացած կլինի 2 շարքից՝ յուրաքանչյուրում 5 առարկա։

   2 շարք՝ յուրաքանչյուրում = _____

   _____ + _____ = _____

2. Առանց քառակուսի սալիկներ օգտագործելու պատկերեք շարվածք, որը բաղկացած կլինի 4 սյունակից՝ յուրաքանչյուրում 3 առարկա։

   4 սյունակ՝ յուրաքանչյուրում 3 = _____

   _____ + _____ + _____ + _____ = _____

Դաս 12. Մաթեմատիկական գծագրերի օգնությամբ քառակուսի սալիկներով կազմեք ուղղանկյուն։

69

Copyright © Great Minds PBC

3. Լրացրեք հետևյալ շարվածքները, որպեսզի դրանք չունենան արանքներ և մեկը մյուսին չծածկեն: Առաջին սալիկը պատկերված է:

   a. 3 շարք՝ յուրաքանչյուրում 4 հատ

   ☐

   b. 5 սյունակ՝ յուրաքանչյուրում 3 հատ

   ☐

   c. 5 սյունակ՝ յուրաքանչյուրում 4 հատ

   ☐

ՄԻԱՎՈՐՆԵՐԻ ՊԱՏՄՈՒԹՅՈՒՆ   Դաս 12 Գնահատման թերթիկ   2•6

Անուն _____   Ամսաթիվ _____

Նկարեք շարվածք, որը բաղկացած կլինի 3 սյունակից՝ յուրաքանչյուրում՝ 3 քառակուսի, որպեսզի դրանց միջև արանքներ չլինեն և մեկը մյուսին չծածկեն՝ սկսելով ստորև պատկերված քառակուսուց:

□

Դաս 12.   Մաթեմատիկական գծագրերի օգնությամբ քառակուսի
          սալիկներով կազմեք ուղղանկյուն:

Էլին քառակուսի տապակում թխում է կիտրոնով թխվածք, որը բաժանում է ինը հավասար կտորների: Նրա եղբայրներն ուտում են թխվածքի 1 շարքը: Այնուհետև մայրիկն ուտում է թխվածքի 1 սյունակը:

a. Նկարեք Էլիի կիտրոնով թխվածքը, երբ դրանից ոչ մի կտոր չէին կերել: Գրեք թվային արտահայտություն՝ ցույց տալու համար, թե ինչպես եք գտնում ընդհանուր թիվը:

b. Այն կտորների վրա, որոնք կերել էին եղբայրները, նշեք X: Գրեք նոր թվային արտահայտություն՝ ցույց տալով, թե քանի կտոր է մնացել:

c. Այն կտորների վրա, որոնք մայրիկն էր կերել, գիծ քաշեք: Գրեք նոր թվային արտահայտություն՝ ցույց տալով, թե քանի կտոր է մնացել:

d. Քանի՞ կտոր է մնացել: Գրեք պնդում:

Անուն _____ Ամսաթիվ _____

Օգտագործեք քառակուսի սալիկներ՝ յուրաքանչյուր խնդրի քայլերը կատարելու համար:

Խնդիր 1

Քայլ 1. Կառուցեք ուղղանկյուն, որը բաղկացած կլինի 4 սյունակից՝ յուրաքանչյուրում 3 սալիկ:

Քայլ 2. Առանձնացրեք 2 սյունակը՝ յուրաքանչյուրում 3 սալիկ:

Քայլ 3. Գրեք թվային զույգը՝ ամբողջը և երկու մասերը ցույց տալու համար: Այնուհետև գրեք կրկնվող գումարման արտահայտություն՝ թվային զույգի յուրաքանչյուր մասին համապատասխան:

Խնդիր 2

Քայլ 1. Կառուցեք ուղղանկյուն՝ բաղկացած 5 շարքից՝ յուրաքանչյուրում 2 սալիկ:

Քայլ 2. Առանձնացրեք 2 սյունակը՝ յուրաքանչյուրում 2 սալիկ:

Քայլ 3. Գրեք թվային զույգը՝ ամբողջը և երկու մասերը ցույց տալու համար: Գրեք կրկնվող գումարման արտահայտություն՝ թվային զույգի յուրաքանչյուր մասին համապատասխան:

Խնդիր 3

Քայլ 1. Կառուցեք ուղղանկյուն, որը բաղկացած կլինի 5 սյունակից՝ յուրաքանչյուրում 3 սալիկ:.

Քայլ 2. Առանձնացրեք 3 սյունակը՝ յուրաքանչյուրում 3 սալիկ:

Քայլ 3. Գրեք թվային զույգը՝ ամբողջը և երկու մասերը ցույց տալու համար: Գրեք կրկնվող գումարման արտահայտություն՝ թվային զույգի յուրաքանչյուր մասին համապատասխան:

Դաս 13. Օգտագործեք քառակուսի սալիկներ՝ ուղղանկյունը մասնատելու համար:

ՄԻԱՎՈՐՆԵՐԻ ՊԱՏՄՈՒԹՅՈՒՆ

Դաս 13 Խնդիրներ 2•6

4. Օգտագործեք 12 քառակուսի սալիկ՝ կառուցելու համար 3 շարքից բաղկացած ուղղանկյուն։

   a. _____ շարք՝ յուրաքանչյուրում _____ = 12

   b. Հեռացրեք 1 շարքը։ Քանի՞ քառակուսի կա հիմա։ _____

   c. 4 (b) վարժության մեջ ձեր կառուցած նոր ուղղանկյունից հեռացրեք 1 սյունակ։ Քանի՞ քառակուսի կա հիմա։ _____

5. Օգտագործեք 20 քառակուսի սալիկ՝ կառուցելու համար ուղղանկյուն։

   a. _____ շարք՝ յուրաքանչյուրում _____ = _____

   b. Հեռացրեք 1 շարքը։ Քանի՞ քառակուսի կա հիմա։ _____

   c. 5 (b) վարժության մեջ ձեր կառուցած նոր ուղղանկյունից հեռացրեք 1 սյունակ։ Քանի՞ քառակուսի կա հիմա։ _____

6. Օգտագործեք 16 քառակուսի սալիկ՝ ուղղանկյուն կառուցելու համար։

   a. _____ շարք՝ յուրաքանչյուրում _____ = _____

   b. Հեռացրեք 1 շարքը։ Քանի՞ քառակուսի կա հիմա։ _____

   c. 6 (b) վարժության մեջ ձեր կառուցած նոր ուղղանկյունից հեռացրեք 1 սյունակ։ Քանի՞ քառակուսի կա հիմա։ _____

Դաս 13. Օգտագործեք քառակուսի սալիկներ՝ ուղղանկյունը մասնատելու համար։

Անուն _____ Ամսաթիվ _____

Օգտագործեք քառակուսի սալիկներ՝ յուրաքանչյուր խնդրի քայլերը կատարելու համար։

Քայլ 1. Կառուցեք ուղղանկյուն, որը բաղկացած կլինի 3 սյունակից՝ յուրաքանչյուրում՝ 4 սալիկ։

Քայլ 2. Առանձնացրեք 2 սյունակը՝ յուրաքանչյուրում 4 սալիկ։

Քայլ 3. Գրեք թվային զույգը՝ ամբողջը և երկու մասերը ցույց տալու համար։ Գրեք կրկնվող գումարման արտահայտություն՝ թվային զույգի յուրաքանչյուր մասին համապատասխան։

ՄԻԱՎՈՐՆԵՐԻ ՊԱՏՄՈՒԹՅՈՒՆ   Դաս 14 Խնդիրներ   2•6

Անուն _____   Ամսաթիվ _____

Կտրեք A, B և C ուղղանկյունները։ Այնուհետև կտրեք՝ ըստ հրահանգների։ Պատասխանեք հետևյալ հարցերին՝ օգտագործելով A, B, և C ուղղանկյունները։[1]

1. Կտրեք A ուղղանկյան բոլոր շարքերը։

   a. A ուղղանկյունն ունի _____ շարք։

   b. Յուրաքանչյուր շարք ունի _____ քառակուսի։

   c. _____ շարք՝ յուրաքանչյուրում _____ = _____

   d. A ուղղանկյունն ունի _____ քառակուսի։

2. Կտրեք B ուղղանկյան բոլոր սյունակները։

   a. B ուղղանկյունն ունի _____ սյունակ։

   b. Յուրաքանչյուր սյունակ ունի _____ քառակուսի։

   c. _____ սյունակ՝ յուրաքանչյուրում _____ = _____

   d. B ուղղանկյունն ունի _____ քառակուսի։

---

[1]Նշում. Այս խնդիրների համար կիրառվում է 2-ը 4-ի վրա երեք նույնական շարվածքների ձևանմուշ։ Այս շարվածքները նշված են որպես A, B, և C ուղղանկյուններ։

Դաս 14.   Մկրատի օգնությամբ ուղղանկյունը բաժանեք նույն չափի քառակուսիների և դրանցով կազմեք շարվածքներ։

3. Կտրեք A և B ուղղանկյունների բոլոր քառակուսիները:

   a. Կառուցեք նոր ուղղանկյուն՝ օգտագործելով 16 քառակուսի:

   b. Իմ ուղղանկյունն ունի _____ շարք՝ յուրաքանչյուրում _____:

   c. Իմ ուղղանկյունը նույնպես ունի _____ սյունակ՝ յուրաքանչյուրում _____:

   d. Գրեք ձեր ուղղանկյանը համապատասխանող կրկնվող գումարման հավասարում:

4. Կառուցեք նոր շարվածք՝ օգտագործելով A, B, և C ուղղանկյունների 24 քառակուսիները:

   a. Իմ ուղղանկյունն ունի _____ շարք՝ յուրաքանչյուրում _____:

   b. Իմ ուղղանկյունը նույնպես ունի _____ սյունակ՝ յուրաքանչյուրում _____:

   c. Գրեք ձեր ուղղանկյանը համապատասխանող կրկնվող գումարման հավասարում:

Լրացուցիչ խնդիր. Կառուցեք ուրիշ շարվածք՝ օգտագործելով A, B, և C ուղղանկյունների քառակուսիները:

   a. Իմ ուղղանկյունն ունի _____ շարք՝ յուրաքանչյուրում _____:

   b. Իմ ուղղանկյունը նույնպես ունի _____ սյունակ՝ յուրաքանչյուրում _____:

   c. Գրեք ձեր ուղղանկյանը համապատասխանող կրկնվող գումարման հավասարում:

ՄԻԱՎՈՐՆԵՐԻ ՊԱՏՄՈՒԹՅՈՒՆ

Դաս 14 Գնահատման թերթիկ 2•6

Անուն _____ Ամսաթիվ _____

Ձեր սալիկներով ցույց տվեք 1 ուղղանկյուն՝ կազմված 12 քառակուսուց։ Լրացրեք ստորև արտահայտությունները:

Ես տեսնում եմ_____ շարք՝ յուրաքանչյուրում _____:

Հենց նույն ուղղանկյան մեջ ես տեսնում եմ _____ սյունակ՝ յուրաքանչյուրում _____:

Դաս 14. Մկրատի օգնությամբ ուղղանկյունը բաժանեք նույն չափի քառակուսիների և դրանցով կազմեք շարվածքներ:

81

Ուղղանկյուն A

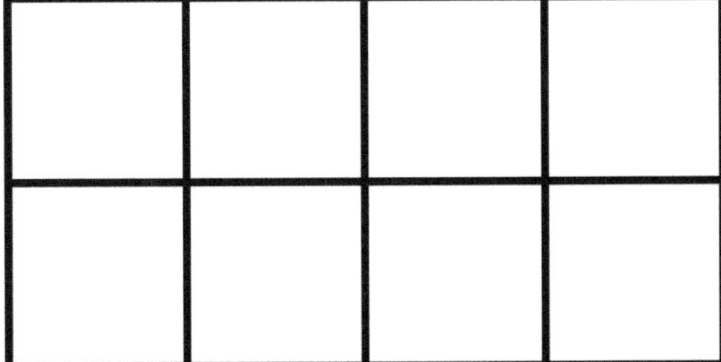

Ուղղանկյուն B

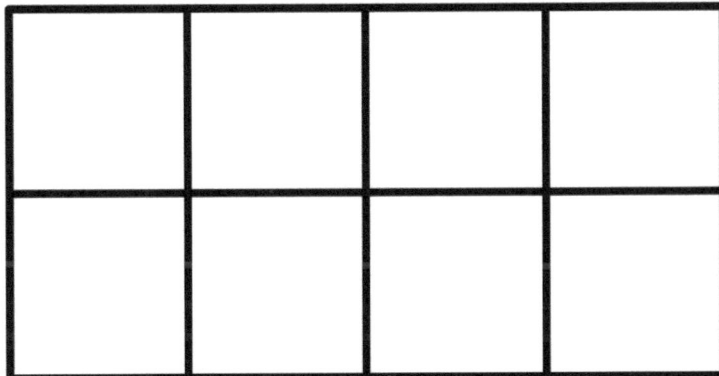

Ուղղանկյուն C

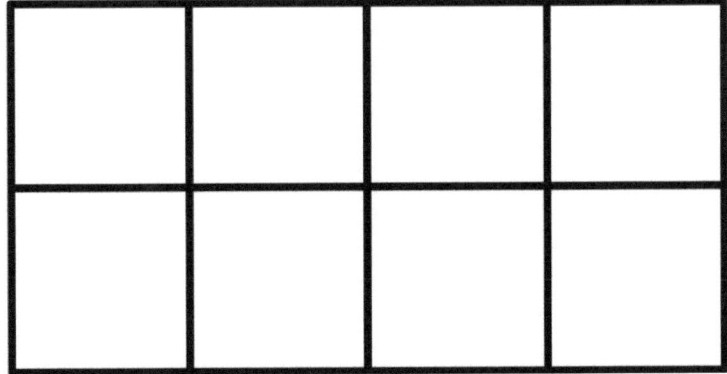

_____

ուղղանկյուններ

R (ուշադիր կարդացեք խնդիրը:)

Ռիկը կեքսի տարաներում խմոր է լցրել: Նա լցրել է 2 սյունակը՝ յուրաքանչյուրում 4 տարա: 4 տարայից կազմված մեկ սյունակը դատարկ է:

a. Նկարեք լցված տարաները և դատարկ սյունակը:

b. Գրեք կրկնվող գումարման հավասարում՝ ցույց տալու համար, թե ինչքան կեքս է Ռիկը թխում:

ՄԻԱՎՈՐՆԵՐԻ ՊԱՏՄՈՒԹՅՈՒՆ

Դաս 15 Գործնական խնդիր 2•6

W (Գրեք իրադրությանը համապատասխան պնդում):

_____

_____

_____

Անուն _____ Ամսաթիվ _____

1. Ներկեք շարվածք՝ կազմված 2 շարքից՝ յուրաքանչյուրում 3 քառակուսի:

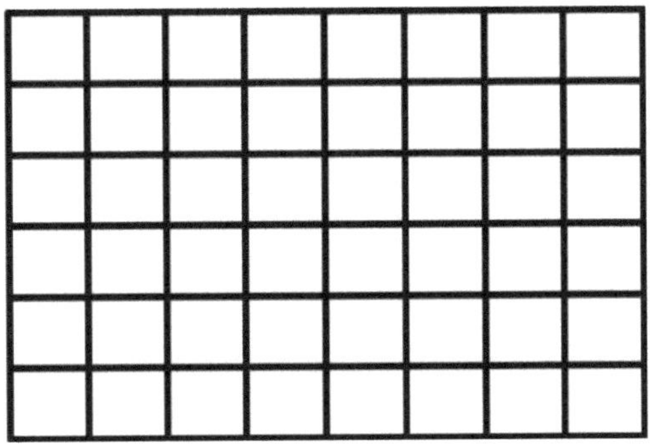

   Շարվածքի համար գրեք կրկնվող գումարման հավասարում:

   _____

2. Ներկեք շարվածք՝ կազմված 4 շարքից՝ յուրաքանչյուրում 3 քառակուսի:

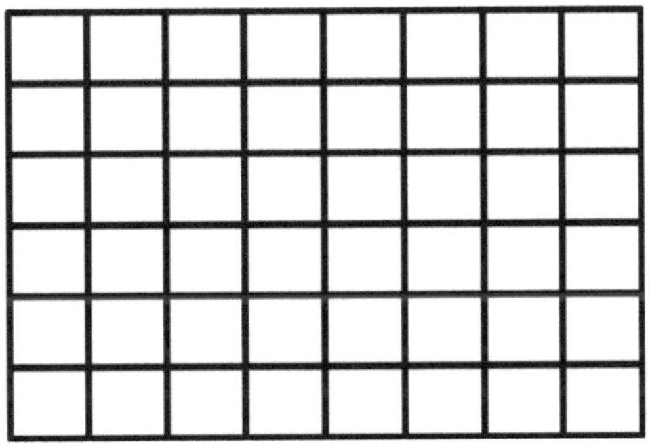

   Շարվածքի համար գրեք կրկնվող գումարման հավասարում:

   _____

3. Ներկեք շարվածք՝ կազմված 5 սյունակից՝ յուրաքանչյուրում 4 քառակուսի:

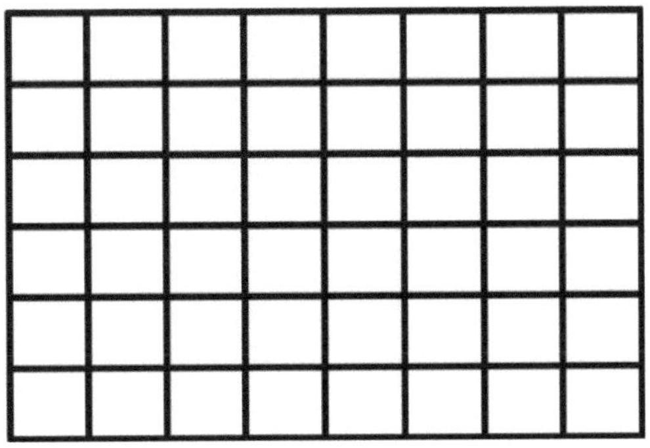

   Շարվածքի համար գրեք կրկնվող գումարման հավասարում:

   _____

4. Նկարեք 2 քառակուսուց կազմված ևս մեկ սյունակ՝ նոր շարվածք կազմելու համար:

Նոր շարվածքի համար գրեք կրկնվող գումարման հավասարում:

____

5. Նկարեք 4 քառակուսուց կազմված ևս մեկ շարք և մեկ սյունակ՝ նոր շարվածք կազմելու համար:

Նոր շարվածքի համար գրեք կրկնվող գումարման հավասարում:

____

6. Նկարեք ևս մեկ շարք և երկու սյունակ՝ նոր շարվածք կազմելու համար:

Նոր շարվածքի համար գրեք կրկնվող գումարման հավասարում:

____

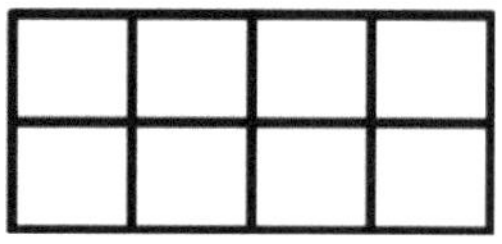

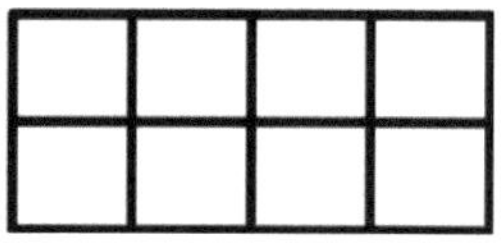

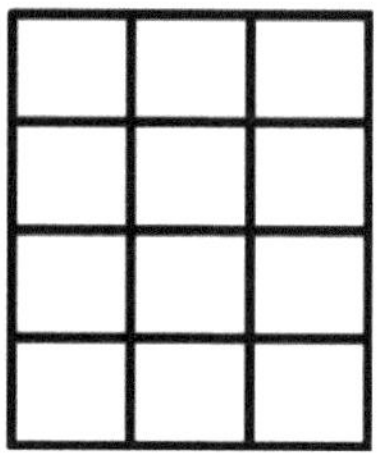

Անուն _____ Ամսաթիվ _____

Ներկեք շարվածք՝ կազմված 3 շարքից՝ յուրաքանչյուրում 5 քառակուսի:

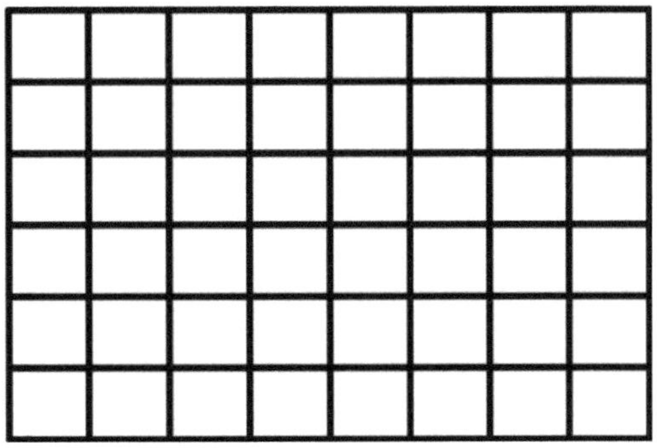

Շարվածքի համար գրեք կրկնվող գումարման հավասարում:

_____

Դաս 15. Մաթեմատիկական գծագրերի օգնությամբ բաժանեք ուղղանկյունը քառակուսի սալիկների և օգտագործեք կրկնվող գումարում:

ՄԻԱՎՈՐՆԵՐԻ ՊԱՏՄՈՒԹՅՈՒՆ   Դաս 16 Գործնական խնդիր   2•6

R (ուշադիր կարդացեք խնդիրը:)

Ռիկը նորից կեքս է թխում: Նա խմոր է լցրել 3 սյունակներում՝ յուրաքանչյուրում 3 տարա և 3 տարայից կազմված մեկ սյունակ թողել է դատարկ:

a. Նկարեք, թե ինչ տեսք ունի կեքսի տարաների տապակը: Գունավորեք Ռիկի լցրած սյունակները:

b. Գրեք կրկնվող գումարման հավասարում՝ ցույց տալու համար, թե ինչքան կեքս է Ռիկը թխում: Այնուհետև գրեք կրկնվող գումարման հավասարում՝ ցույց տալու համար, թե քանի կեքս կտեղավորվի տապակում:

Դաս 16. Օգտագործեք միլիմետրաթուղթ՝ տարածական կառուցվածքներ ստեղծելու համար:

W (Գրեք իրադրությանը համապատասխան պնդում):

___

___

___

Անուն _____ Ամսաթիվ _____

Օգտագործեք քառակուսի սալիկներ և միլիմետրաթուղթ՝ հետևյալ խնդիրները լուծելու համար:

Խնդիր 1

a. Կտրեք 10 քառակուսի սալիկ:
b. Ձեր քառակուսի սալիկներից մեկը հավասար կտրեք անկյունագծով:
c. Ստեղծեք պատկեր:
d. Գունավորեք ձեր ստեղծած պատկերը միլիմետրաթղթի վրա:

Խնդիր 2

a. Օգտագործեք 16 քառակուսի սալիկ:
b. Ձեր քառակուսի սալիկներից երկուսը հավասար կտրեք անկյունագծով:
c. Ստեղծեք պատկեր:
d. Գունավորեք ձեր ստեղծած պատկերը միլիմետրաթղթի վրա:
e. Գունավորեք ձեր երկրորդ պատկերն ընկերոջ հետ:
f. Ստուգեք մեկդ մյուսի օրինակը՝ համոզվելու համար, որ այն համապատասխանում է սալիկի պատկերին:

Խնդիր 3

a. Ընկերոջ հետ ստեղծեք 3-ը 3-ի վրա պատկեր նոր միլիմետրաթղթի անկյունում:
b. Ընկերոջ հետ պատճենեք այդ պատկերը ամբողջ թղթի մեծությամբ:

Դաս 16. Օգտագործեք միլիմետրաթուղթ՝ տարածական կառուցվածքներ ստեղծելու համար:

Անուն _____ Ամսաթիվ _____

Օգտագործեք քառակուսի սալիկներն ու միլիմետրաթուղթը՝ հետևյալ առաջադրանքները կատարելու համար:

a. Ստեղծեք պատկեր թղթե սալիկներով, որոնք օգտագործում էիք դասի ժամանակ:
b. Գունավորեք ձեր ստեղծած պատկերը միլիմետրաթղթի վրա:

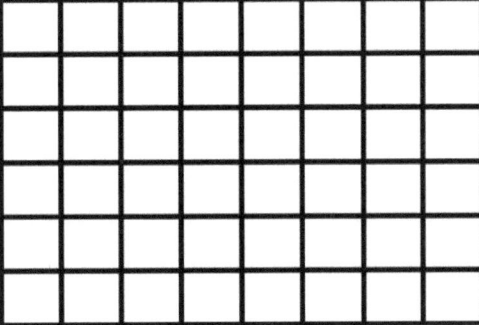

Դաս 16. Օգտագործեք միլիմետրաթուղթ՝ տարածական կառուցվածքներ ստեղծելու համար:

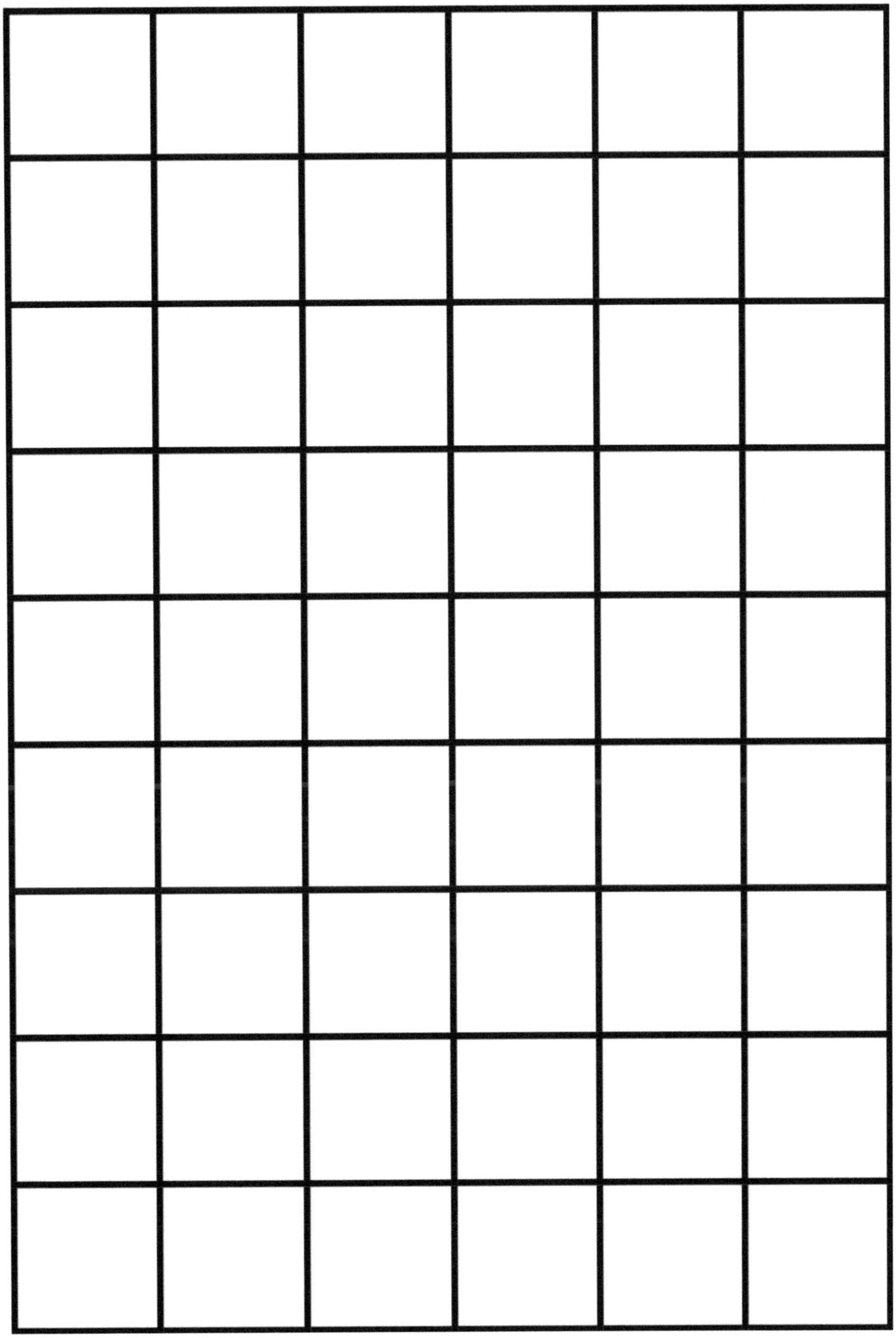

միլիմետրաթուղթ

Դաս 16. Օգտագործեք միլիմետրաթուղթ՝ տարածական կառուցվածքներ ստեղծելու համար:

ՄԻԱՎՈՐՆԵՐԻ ՊԱՏՄՈՒԹՅՈՒՆ   Դաս17 Գործնական խնդիր   2•6

Յոթ աշակերտներ նստած են ճաշասեղանի մի կողմում։ Եվս յոթ աշակերտներ նստած են նրանց դիմաց՝ սեղանի մյուս կողմում։

a. Նկարեք շարվածք՝ցույց տալով աշակերտներին։

b. Գրեք շարվածքին համապատասխանող գումարման հավասարում։

Դաս17. Կիրառեք կրկնապատկումը՝ ստանալով զույգ թվեր, և գրեք թվային արտահայտություններ՝ գումարումը ցուցադրելու համար։

ՄԻԱՎՈՐՆԵՐԻ ՊԱՏՄՈՒԹՅՈՒՆ Դաս17 Գործնական խնդիր 2•6

Եվս երեք աշակերտներ նստեցին սեղանի յուրաքանչյուր կողմում:

c. Նկարեք շարվածք՝ ցույց տալով, թե քանի աշակերտ կա հիմա:

d. Գրեք նոր շարվածքին համապատասխանող գումարման հավասարում:

Անուն _____ Ամսաթիվ _____

1. Նկարեք՝ կրկնապատկելու համար խումբը, որը տեսնում եք։ Լրացրեք արտահայտությունը և գրեք գումարման հավասարում։

a. 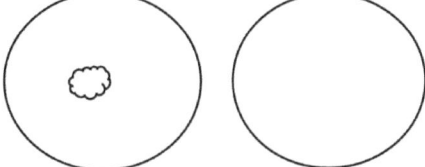 Յուրաքանչյուր խմբում կա _____ ամպ։

_____ + _____ = _____

b. 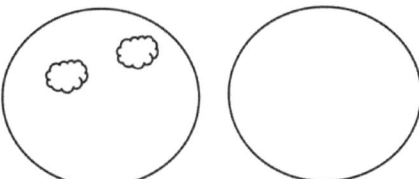 Յուրաքանչյուր խմբում կա _____ ամպ։

_____ + _____ = _____

c. 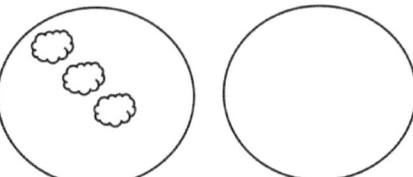 Յուրաքանչյուր խմբում կա _____ ամպ։

_____ + _____ = _____

d. 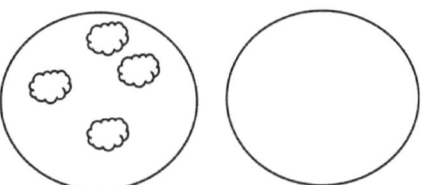 Յուրաքանչյուր խմբում կա _____ ամպ։

_____ + _____ = _____

e.  Յուրաքանչյուր խմբում կա _____ ամպ։

_____ + _____ = _____

2. Նկարեք շարվածք յուրաքանչյուր խմբի համար: Լրացրեք նախադասությունները: Առաջինը բերված է որպես օրինակ:

a. **2 շարք՝ յուրաքանչյուրում 6 հատ**

2 շարք՝ յուրաքանչյուրում 6 հատ = ______

______ + ______ = ______

6-ի կրկնապատիկը հավասար է ______:

b. **2 շարք՝ յուրաքանչյուրում 7 հատ**

2 շարք՝ յուրաքանչյուրում 7 հատ = ______

______ + ______ = ______

7-ի կրկնապատիկը հավասար է ______:

c. **2 շարք՝ յուրաքանչյուրում 8 հատ**

2 շարք՝ յուրաքանչյուրում 8 հատ = ____

______ + ______ = ______

8-ի կրկնապատիկը հավասար է ______:

d. **2 շարք՝ յուրաքանչյուրում 9 հատ**

2 շարք՝ յուրաքանչյուրում 9 հատ = ____

______ + ______ = ______

9-ի կրկնապատիկը հավասար է ______:

e. **2 շարք՝ յուրաքանչյուրում 10 հատ**

2 շարք՝ յուրաքանչյուրում 6 հատ = ______

______ + ______ = ______

10-ի կրկնապատիկը հավասար է ______:

3. Նշեք խնդիր 1-ի գումարների արդյունքները: ______________________________

Նշեք խնդիր 2-ի գումարների արդյունքները: ______________________________

Ձեր նշած թվերը զո՞ւյգ են, թե՞ ոչ: ____________________

Բացատրեք՝ ինչով են թվերը նման և տարբեր:

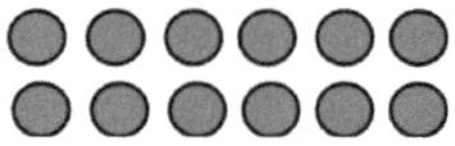

ՄԻԱՎՈՐՆԵՐԻ ՊԱՏՄՈՒԹՅՈՒՆ | Դաս 17Գնահատման թերթիկ | 2•6

Անուն _____ Ամսաթիվ _____

Նկարեք շարվածք յուրաքանչյուր խմբի համար: Լրացրեք նախադասությունները:

a. 2 շարք՝ յուրաքանչյուրում 5 հատ

2 շարք՝ յուրաքանչյուրում 5 հատ = _____

_____ + _____ = _____

Շրջանակի մեջ առեք մեկ տարբերակը. 5-ի կրկնապատիկը զույգ է/զույգ չէ:

b. 2 շարք՝ յուրաքանչյուրում 3 հատ

2 շարք՝ յուրաքանչյուրում 3 հատ = _____

_____ + _____ = _____

Շրջանակի մեջ առեք մեկ տարբերակը. 3-ի կրկնապատիկը զույգ է/զույգ չէ:

Դաս 17. Կիրառեք կրկնապատկումը՝ ստանալով զույգ թվեր, և գրեք թվային արտահայտություններ՝ գումարումը ցուցադրելու համար:

103

R (ուշադիր կարդացեք խնդիրը:)

Ձվերը դասավորված են 12 հատանոց տուփերում: Նկարներով, թվերով կամ բառերով բացատրեք՝ արդյոք 12-ը զույգ թիվ է, թե ոչ:

Անուն _____ Ամսաթիվ _____

1. Առարկաները խմբավորեք զույգերով՝ որոշելու համար՝ արդյոք առարկաների թիվը զույգ է, թե ոչ:

   Զույգ է/Զույգ չէ

   Զույգ է/Զույգ չէ

   Զույգ է/Զույգ չէ

2. Շարունակեք նկարել զույգերի հաջորդականությունը ստորև՝ մինչև հասնեք 10 զույգին:

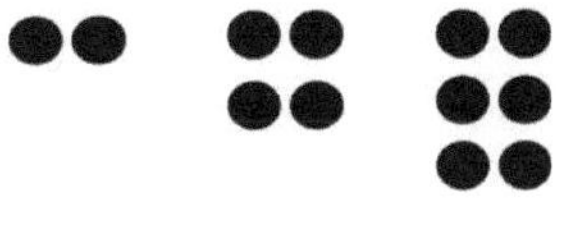

3. Գրեք խնդիր 2-ի յուրաքանչյուր շարվածքի կետերի թիվը հերթականությամբ՝ փոքրից մինչ մեծ:

4. Շրջանակի մեջ առեք խնդիր 2-ի այն շարվածքը, որն ունի 2 սյունակ՝ յուրաքանչյուրում 7 կետ:

5. Վանդակի մեջ առեք խնդիր 2-ի այն շարվածքը, որն ունի 2 սյունակ՝ յուրաքանչյուրում 9 կետ:

6. Նորից նկարեք կետերի հետևյալ խմբերը՝ երկու սյունակների կամ 2 հավասար շարքերի տեսքով:

a.

Կա __________ կետ:

Արդյո՞ք _____-ը զույգ թիվ է: __________

b.

Կա __________ կետ:

Արդյո՞ք _____-ը զույգ թիվ է: __________

7. Շրջանակի մեջ առեք երկուական խմբեր: Զույգերով հաշվեք՝ տեսնելու համար՝ արդյոք առարկաները զույգ են, թե ոչ:

a. Կան _________ զույգեր: Մնաց ________

b. Հաշվեք զույգերով՝ ընդհանուր թիվը գտնելու համար:

______, ______, ______, ______, ______, ______, ______, ______, ______

c. Այս խմբի առարկաների թիվը զույգ է. Ճիշտ է կամ Սխալ է

Անուն ________________________________ Ամսաթիվ ________________

Նորից նկարեք կետերի հետևյալ խմբերը՝ երկու սյունակների կամ 2 հավասար շարքերի տեսքով:

1.

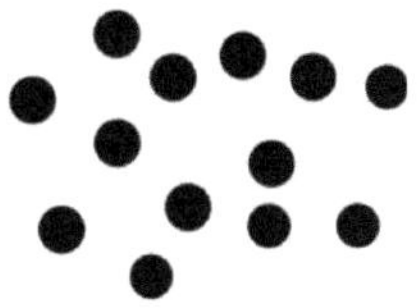

Կա __________ կետ:

Արդյո՞ք _____-ը զույգ թիվ է: __________

2.

Կա __________ կետ:

Արդյո՞ք _____-ը զույգ թիվ է: __________

EUREKA MATH Դաս 18. Առարկաները խմբավորեք զույգերով և զույգերով հաշվեք՝ օգտագործելով զույգ թվեր: 109

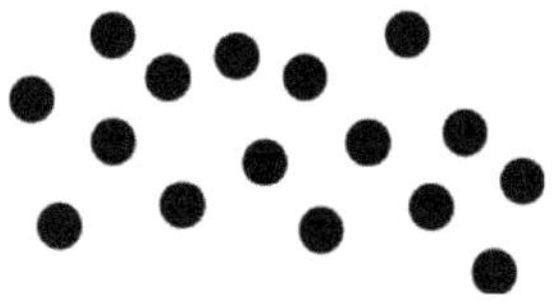

ՄԻԱՎՈՐՆԵՐԻ ՊԱՏՄՈՒԹՅՈՒՆ Դաս 19 Գործնական խնդիր 2•6

R (ուշադիր կարդացեք խնդիրը:)

Ձվերը դասավորված են 12 հատանոց տուփերում: Ջոաննայի մայրիկն օգտագործեց 1 ձու: Նկարներով, թվերով կամ բառերով բացատրեք՝ արդյոք մնացած ձվերի թիվը զույգ է, թե կենտ:

Դաս 19. Ուսումնասիրեք զույգ թվերի հաջորդականությունը միավորների կարգում
0, 2, 4, 6 և 8 և համեմատեք կենտ թվերի հետ:

ՄԻԱՎՈՐՆԵՐԻ ՊԱՏՄՈՒԹՅՈՒՆ Դաս 19 Խնդիրներ 2•6

Անուն ____________________________ Ամսաթիվ ____________

1. Զույգերով հաշվեք շարվածքի սյունակները: Առաջինը բերված է որպես օրինակ:

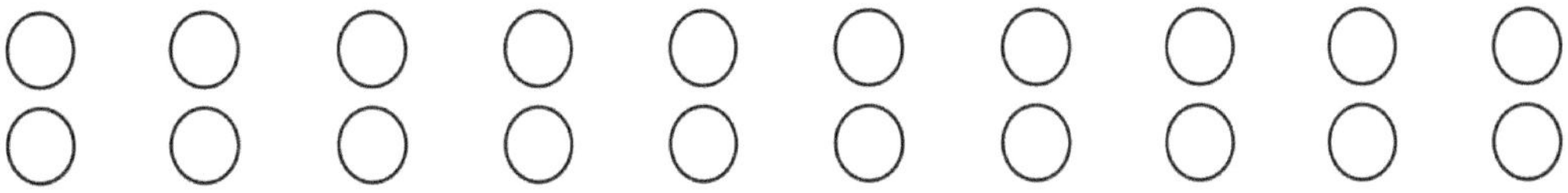

2 ___ ___ ___ ___ ___ ___ ___ ___ ___

2. a. Լուծեք:

1 + 1 = ______

2 + 2 = ______

3 + 3 = ______

4 + 4 = ______

5 + 5 = ______

6 + 6 = ______

7 + 7 = ______

8 + 8 = ______

9 + 9 = ______

10 + 10 = ______

b. Բացատրեք խնդիր 1-ի շարվածքի և խնդիր 2 (a)-ի պատասխանների միջև կապը:

____

____

____

EUREKA MATH Դաս 19. Ուսումնասիրեք զույգ թվերի հաջորդականությունը միավորների կարգում՝ 0, 2, 4, 6 և 8 և համեմատեք կենտ թվերի հետ: 113

3. a. Լրացրեք բացակայող թվերը թվերի շարքում:

20, 22, 24, ____, 28, 30, ____, ____ 36, ____, 40, ____, ____, 46, ____, ____

b. Լրացրեք կենտ թվերը թվերի շարքում:

0, ___, 2, ___, 4, ___, 6, ___, 8, ___, 10, ___, 12, ___, 14, ___, 16, ___, 18, ___, 20, ___

4. Որոշեք՝ արդյոք **թավատառ գրված** թվերը զույգ են, թե կենտ: Առաջինը բերված է որպես օրինակ:

a. **6 + 1 = 7** զույգ թիվ + 1 = կենտ թիվ	b. **24 + 1 = 25** _____ + 1 = _____	c. **30 + 1 = 31** _____ + 1 = _____
d. **6 – 1 = 5** _____ – 1 = _____	e. **24 – 1 = 23** _____ – 1 = _____	f. **30 – 1 = 29** _____ – 1 = _____

5. Արդյոք **թավատառ գրված** թվերը զո՞ւյգ են, թե՞ կենտ: Շրջանակի մեջ առեք պատասխանը և բացատրեք, թե ինչու եք այդպես կարծում:

a. **28** զույգ/կենտ	Բացատրություն.
b. **39** զույգ/կենտ	Բացատրություն.
c. **45** զույգ/կենտ	Բացատրություն.
d. **50** զույգ/կենտ	Բացատրություն.

Անուն ________________________________ Ամսաթիվ ________________

Արդյոք **թավատառ գրված** թվերը զո՞ւյգ են, թե՞ կենտ: Շրջանակի մեջ առեք պատասխանը և բացատրեք, թե ինչու եք այդպես կարծում:

a. **18** զույգ/կենտ	Բացատրություն.
b. **23** զույգ/կենտ	Բացատրություն.

Դաս 19. Ուսումնասիրեք զույգ թվերի հաջորդականությունը միավորների կարգում՝ 0, 2, 4, 6 և 8 և համեմատեք կենտ թվերի հետ:

Copyright © Great Minds PBC

ՄԻԱՎՈՐՆԵՐԻ ՊԱՏՄՈՒԹՅՈՒՆ

Դաս 20 Գործնական խնդիր 2•6

R (ուշադիր կարդացեք խնդիրը:)

2-րդ դասարանի ավարտական երեկույթում տիկին Բոքսերի խմբից ներկա էր 11 տղա և 9 աղջիկ:

a. Գրեք հավասարում՝ ցույց տալու համար մարդկանց ընդհանուր թիվը:

b. Գումարելիները զո՞ւյգ են, թե՞ կենտ:

c. Տիկին Բոքսերը խաղի համար ցանկանում է զույգերով խմբավորել բոլորին: Արդյո՞ք մարդկանց քանակը բավարար է, որպեսզի բոլորն ունենան զուգընկեր:

D (նկար նկարեք:)

W (Գրեք և լուծեք հավասարումը:)

Դաս 20. Ուղղանկյուն շարվածքների օգնությամբ ուսումնասիրեք կենտ և զույգ թվերը:

W (Գրեք իրադրությանը համապատասխան պնդում:)

_____

_____

_____

Անուն _____   Ամսաթիվ _____

1. Առարկաներով ստեղծեք շարվածք։

a. 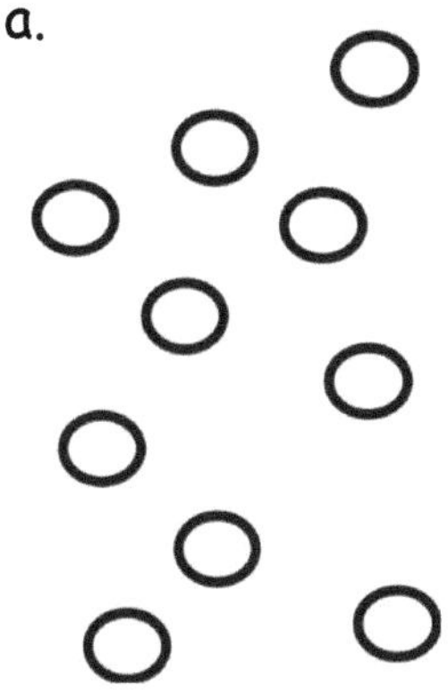 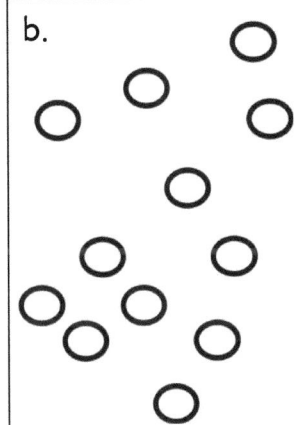	Շարվածք Շրջանակներն ունեն զույգ/կենտ (շրջանակի մեջ առեք մեկ տարբերակը) թիվ։	Նորից նկարեք՝ 1-ով *պակասեցնելով* շրջանակների թիվը։ Շրջանակներն ունեն զույգ/կենտ (շրջանակի մեջ առեք մեկ տարբերակը) թիվ։
b. 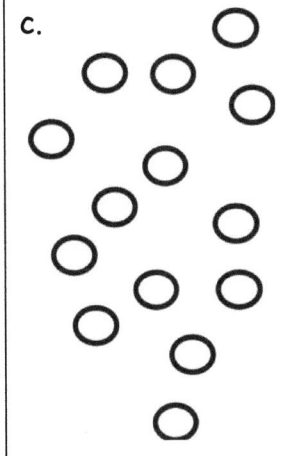	Շարվածք Շրջանակներն ունեն զույգ/կենտ (շրջանակի մեջ առեք մեկ տարբերակը) թիվ։	Նորից նկարեք՝ 1-ով *ավելացնելով* շրջանակների թիվը։ Շրջանակներն ունեն զույգ/կենտ (շրջանակի մեջ առեք մեկ տարբերակը) թիվ։
c. 	Շարվածք Շրջանակներն ունեն զույգ/կենտ (շրջանակի մեջ առեք մեկ տարբերակը) թիվ։	Նորից նկարեք՝ 1-ով *պակասեցնելով* շրջանակների թիվը։ Շրջանակներն ունեն զույգ/կենտ (շրջանակի մեջ առեք մեկ տարբերակը) թիվ։

2. Լուծեք: Նշեք՝ արդյոք թիվը կենտ է (Կ), թե զույգ (Զ): Առաջինը բերված է որպես օրինակ:

a. 6 + 4 = 10

Զ + Զ = Զ

b. 17 + 2 = ______

______ + ______ = ______

c. 11 + 13 = ______

______ + ______ = ______

d. 14 + 8 = ______

______ + ______ = ______

e. 3 + 9 = ______

______ + ______ = ______

f. 5 + 14 = ______

______ + ______ = ______

3. Յուրաքանչյուր առաջադրանքի համար գրեք երկու օրինակ: Նշեք՝ ձեր պատասխանները զույգ են, թե կենտ: Առաջինը բերված է որպես օրինակ:

a. Զույգ թվին գումարեք զույգ թիվ:

32 + 8 = 40 զույգ թիվ ______________________

b. Կենտ թվին գումարեք զույգ թիվ:

______________________ ______________________

c. Կենտ թվին գումարեք կենտ թիվ:

______________________ ______________________

EUREKA MATH

ՄԻԿՎՈՐՆԵՐԻ ՊԱՏՄՈՒԹՅՈՒՆ　　　　Դաս 20 Գնահատման թերթիկ　2•6

Անուն _____　Ամսաթիվ _____

Առարկաներով ստեղծեք շարվածք:

| 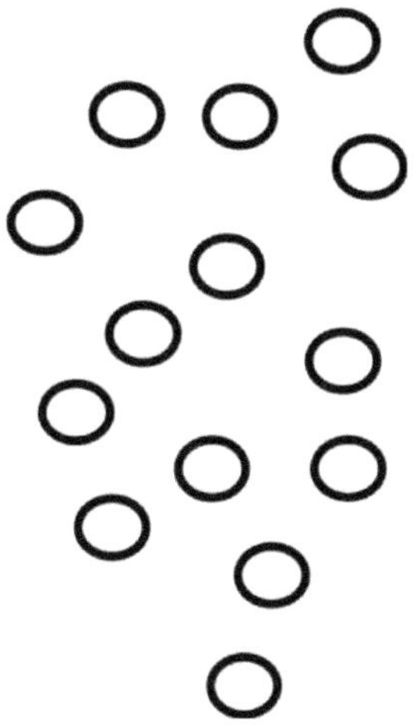 ○ ○ ○ ○ ○ ○ ○ ○ ○ ○ ○ ○ | Շարվածք

Շրջանակներն ունեն զույգ/ կենտ (շրջանակի մեջ առեք մեկ տարբերակը) թիվ: | Նորից նկարեք՝ 1-ով *պակասեցնելով* շրջանակների թիվը:

Շրջանակներն ունեն զույգ/ կենտ (շրջանակի մեջ առեք մեկ տարբերակը) թիվ: |

Դաս 20.　Ուղղանկյուն շարվածքների օգնությամբ ուսումնասիրեք կենտ և զույգ թվերը:

Դասարան 2
Մոդուլ 7

R (ուշադիր կարդացեք խնդիրը:)

Սառույցի վրա սահում են 24 պինգվին: 18 կետ ճողփում են օվկիանոսում: Պինգվիններն ինչքանո՞վ են շատ կետերից:

D (նկար նկարեք:)

W (Գրեք և լուծեք հավասարումը:)

W (Գրեք իրադրությանը համապատասխան պնդում:)

_____

_____

_____

ՄԻԱՎՈՐՆԵՐԻ ՊԱՏՄՈՒԹՅՈՒՆ   Դաս 1 Խնդիրներ   2•7

Անուն _____   Ամսաթիվ _____

1. Հաշվեք և դասակարգեք յուրաքանչյուր պատկերը՝ աղյուսակում նշումներ կատարելով:

Ոտքեր չկան	2 ոտք	4 ոտք

2. Հաշվեք և դասակարգեք յուրաքանչյուր պատկերը՝ աղյուսակում թվեր նշելով:

Մորթի	Փետուրներ

Դաս 1. Դասակարգեք և գրանցեք տվյալները աղյուսակի մեջ՝ օգտագործելով մինչև չորս կատեգորիա, օգտագործեք խմբային հաշվարկ՝ բառային խնդիրները լուծելու համար:

3. Հետևյալ հարցերին պատասխանելու համար օգտագործեք «Կենդանիների կենսամիջավայր» աղյուսակը:

Կենդանիների բնակավայրեր		
Անտառ	**Խոնավ վայրեր**	**Խոտհարքներ**
卌 |	卌	卌 卌 ||||

a. Քանի՞ կենդանիներ են ապրում արոտավայրերում և ճահիճներում: ______

b. Արոտավայրային կենսամիջավայրում ապրող կենդանների հետ համեմատած՝ անտառում ապրող կենդանիներն ինչքանո՞վ են քիչ: ______

c. Քանի՞ կենդանի պետք է ավելացվի անտառային կենսամիջավայրում ապրող կենդանիների խմբին, որպեսզի նրանց քանակը հավասարվի արոտավայրերում ապրող կենդանիների թվին: ______

d. Այս աղյուսակը կազմելու համար ընդամենը քանի՞ կենդանիների կենսամիջավայր է ներառվել: ______

EUREKA MATH

4. Օգտագործեք «Կենդանիների դասակարգման աղյուսակը»՝ պատասխանելու համար, թե ինչ կենդանիների տեսակներ տեսան տիկին Լիի երկրորդ դասարանի աշակերտները տեղական կենդանաբանական այգում։

Կենդանիների դասակարգում			
Թռչուններ	Ձուկ	Կաթնասուններ	Սողուններ
6	5	11	3

a. Կենդանիներից քանի՞սն են թռչուն, ձուկ կամ սողուն։ _____

b. Քանիսո՞վ են շատ թռչուններն ու կաթնասունները ձկներից և սողուններից։ _____

c. Քանի՞ կենդանի է դասակարգվել։ _____

d. Քանի՞ կենդանի պետք է ավելացվի աղյուսակում, որպեսզի դասակարգված կենդանիների թիվը դառնա 35։ _____

e. Եթե աղյուսակում ավելացվեն ևս 5 թռչուն և 2 սողուն, ինչքանո՞վ ավելի քիչ կլինեն սողունները թռչունների համեմատ։ _____

Անուն _____ Ամսաթիվ _____

Օգտագործեք «Կենդանիների դասակարգման աղյուսակը»՝ պատասխանելու համար, թե ինչ կենդանիների տեսակներ կան տեղական կենդանաբանական այգում։

Կենդանիների դասակարգում			
Թռչուններ	Ձկներ	Կաթնասուններ	Սողուններ
9	4	17	8

1. Կենդանիներից քանի՞սն են թռչուն, ձուկ կամ սողուն: _____

2. Ինչքանո՞վ են կաթնասունները շատ ձկներից: _____

3. Քանի՞ կենդանի է դասակարգվել: _____

4. Քանի՞ կենդանի պետք է ավելացվի աղյուսակում, որպեսզի դասակարգված կենդանիների թիվը դառնա 45: _____

Դաս 1. Դասակարգեք և գրանցեք տվյալները աղյուսակի մեջ՝ օգտագործելով մինչև չորս կատեգորիա, օգտագործեք խմբային հաշվարկ՝ բառային խնդիրները լուծելու համար։

R (ուշադիր կարդացեք խնդիրը:)

Ջեման այգում հաշվում է կենդանիներին: Նա հաշվեց 16 կեռնեխ, 19 բադ և 17 սկյուռ: Ինչքա՞ն ավելի շատ կեռնեխ և բադ հաշվեց Ջեման, քան սկյուռ:

D (նկար նկարեք:)

W (Գրեք և լուծեք հավասարումը:)

ՄԻԱՎՈՐՆԵՐԻ ՊԱՏՄՈՒԹՅՈՒՆ　　　Դաս 2　Գործնական խնդիր　2•7

W (Գրեք իրադրությանը համապատասխան պնդում:)

_____

_____

_____

Դաս 2. Նկարեք գրաֆիկական պատկեր և նշումներ կատարեք՝ մինչև չորս կատեգորիայի տվյալները ներկայացնելու համար:

Անուն ______________________________ Ամսաթիվ ______________

1. Միլիմետրաթղթի օգնությամբ գրաֆիկական պատկեր ստեղծեք ստորև՝ օգտագործելով աղյուսակում նշված տվյալները: Այնուհետև պատասխանեք հարցերին:

Կենտրոնական կենդանաբանական այգու կենդանիների դասակարգում			
Թռչուններ	**Ձկներ**	**Կաթնասուններ**	**Սողուններ**
6	5	11	3

Վերնագիր՝: ______________

____ ____ ____ ____

Ծանոթագրություն՝ ______________

a. Ինչքանո՞վ են կաթնասունները շատ ձկներից: ______

b. Քանիսո՞վ են շատ կաթնասուններն ու ձկները թռչուններից ու սողուններից: ______

c. Քանիսո՞վ են քիչ սողունները կաթնասուններից: ______

d. Գրեք և պատասխանեք ձեր կազմած համեմատության հարցին՝ տվյալների հիման վրա:

Հարց. ______________________________

Պատասխան. ______________________________

EUREKA MATH Դաս 2. Նկարեք գրաֆիկական պատկեր և նշումներ կատարեք՝ մինչև չորս կատեգորիայի տվյալները ներկայացնելու համար: 135

2. Ստորև աղյուսակի օգնությամբ գրաֆիկական պատկեր ստեղծեք նշված տեղում:

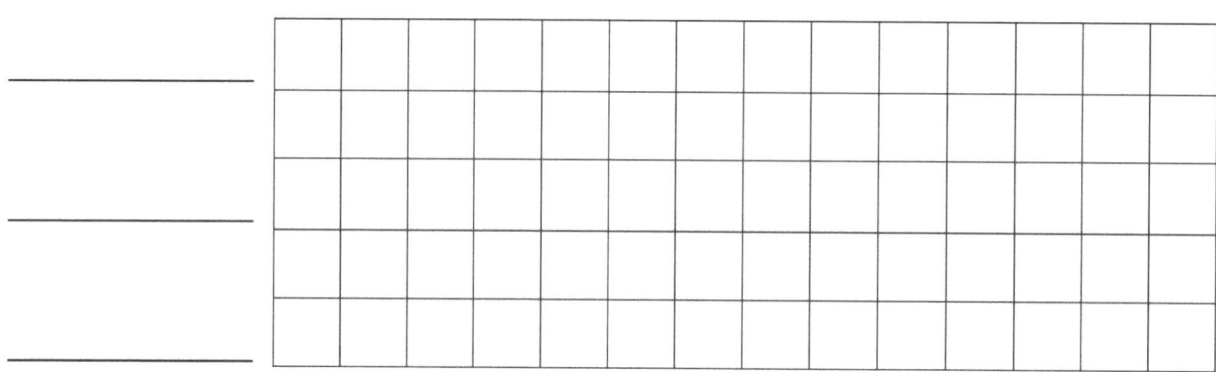

Կենդանիների բնակավայրեր		
Անապատ	Թունդրա	Խոտհարքներ
卌 |	卌	卌 卌 ||||

Վերնագիր՝ ____________________

Ծանոթագրություն՝ ____________________

a. Անապատային կենսամիջավայրում ապրող կենդանների հետ համեմատած՝ արոտավայրերում ապրող կենդանիներն ինչքանո՞վ են շատ: ______

b. Տունդրայում ինչքա՞ն ավելի քիչ կենդանի է ապրում, քան անապատային և արոտավայրային կենսամիջավայրում ապրող կենդանները միասին վերցրած: ______

c. Գրեք և պատասխանեք ձեր կազմած համեմատության հարցին՝ տվյալների հիման վրա:

Հարց. ____________________

Պատասխան. ____________________

 Դաս 2. Նկարեք գրաֆիկական պատկեր և նշումներ կատարեք՝ մինչև չորս կատեգորիայի տվյալները ներկայացնելու համար:

EUREKA MATH

ՄԻԱՎՈՐՆԵՐԻ ՊԱՏՄՈՒԹՅՈՒՆ Դաս 2 Գնահատման թերթիկ 2•7

Անուն ______________________ Ամսաթիվ ____________

Միլիմետրաթղթի օգնությամբ գրաֆիկական պատկեր ստեղծեք ստորև՝ օգտագործելով աղյուսակում նշված տվյալները: Այնուհետև պատասխանեք հարցերին:

Ֆեյրվյու կենդանաբանական այգու կենդանիների դասակարգում			
Թռչուններ	Ձկներ	Կաթնասուններ	Սողուններ
8	4	12	5

Վերնագիր՝ ______________________

____ ____ ____ ____

Ծանոթագրություն՝ ______________________

a. Քանիսո՞վ են շատ կաթնասունները թռչուններից: ____________

b. Քանիսո՞վ են շատ կաթնասուններն ու սողունները թռչուններից ու ձկներից: ____________

c. Քանիսո՞վ են քիչ ձկները թռչուններից: ____________

Դաս 2. Նկարեք գրաֆիկական պատկեր և նշումներ կատարեք՝ մինչև չորս կատեգորիայի տվյալները ներկայացնելու համար:

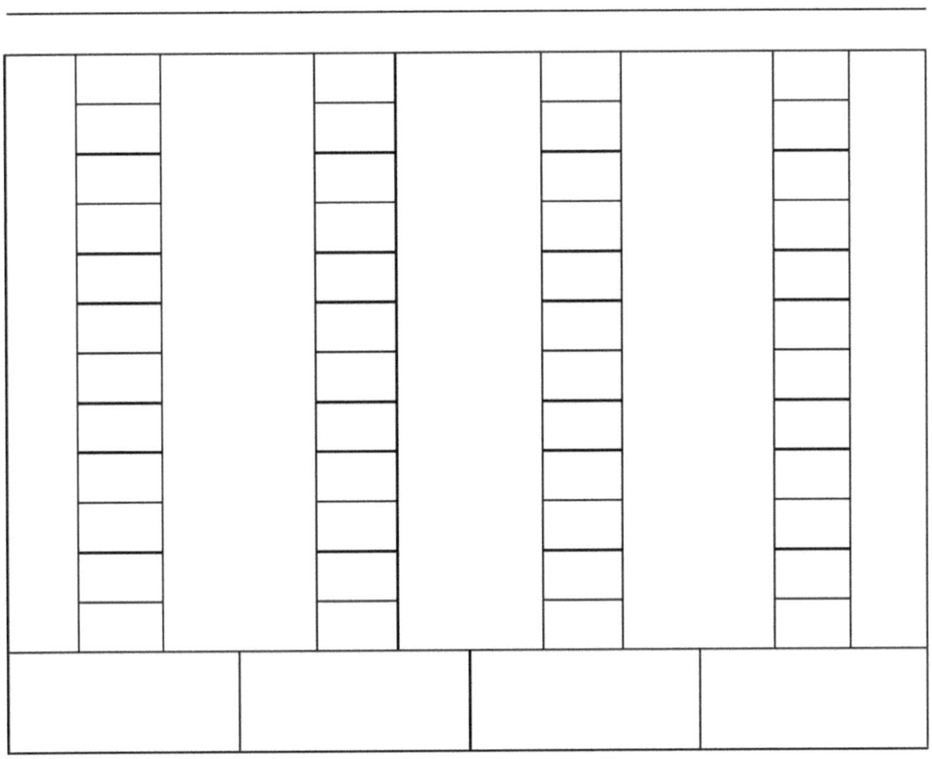

ՄԻԱՎՈՐՆԵՐԻ ՊԱՏՄՈՒԹՅՈՒՆ

Դաս 2 Հանձնարարություն 1 2•7

_____

Ծանոթագրություն՝ _____

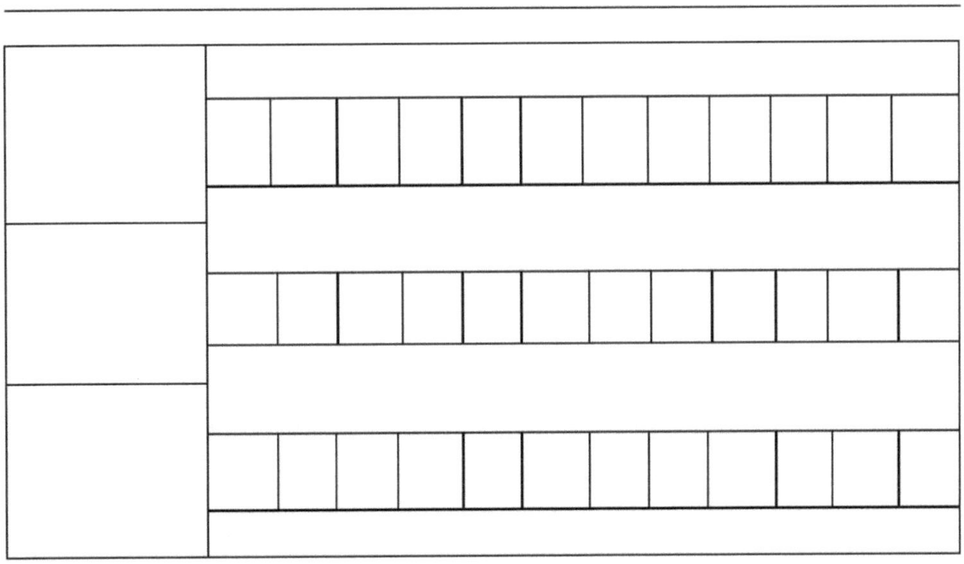

Ծանոթագրություն՝ _____

_____

ուղղահայաց և հորիզոնական գրաֆիկական պատկերներ

Դաս 2. Նկարեք գրաֆիկական պատկեր և նշումներ կատարեք՝ մինչև չորս կատեգորիայի տվյալները ներկայացնելու համար։

139

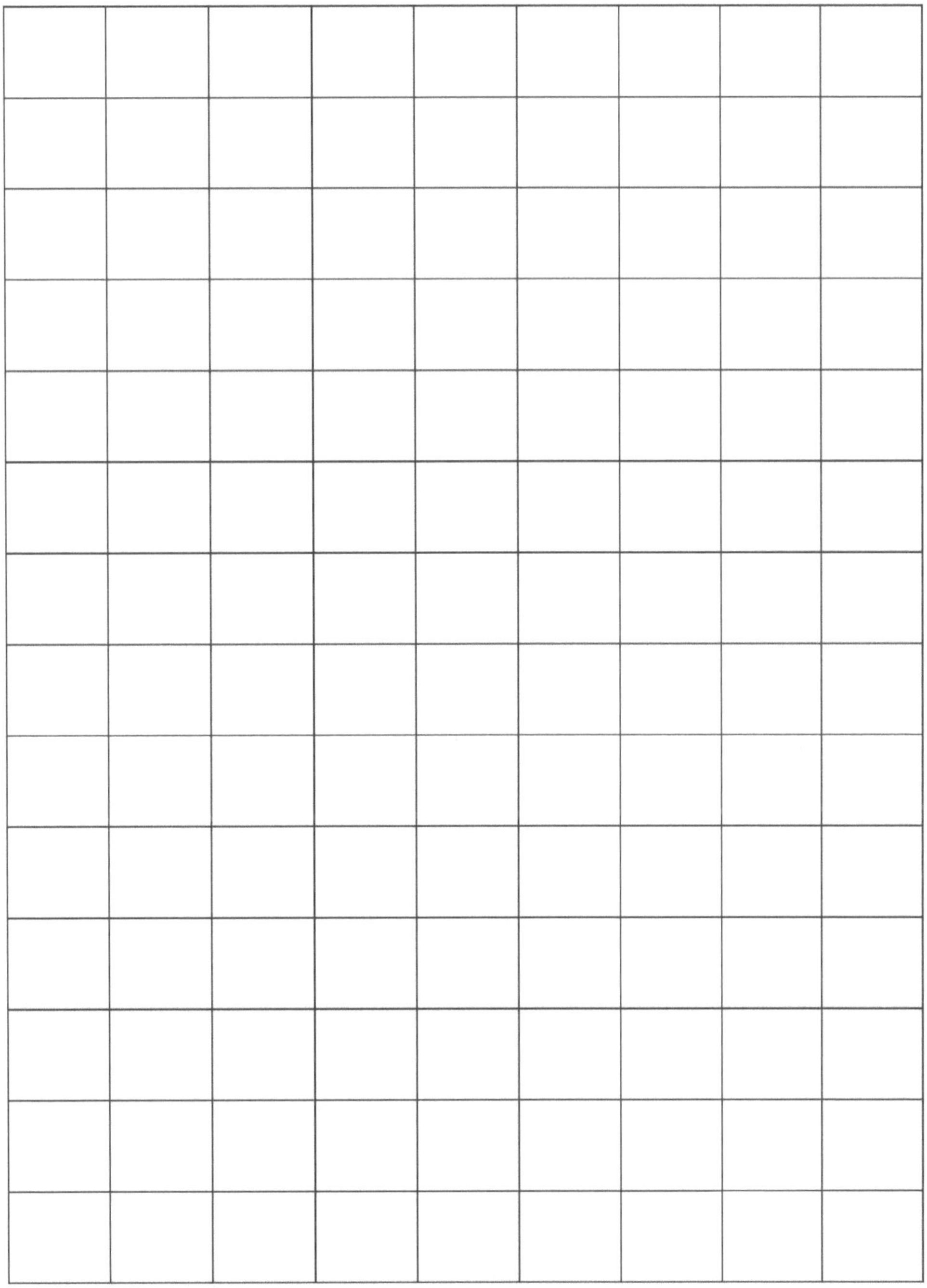

ՄԻԱՎՈՐՆԵՐԻ ՊԱՏՄՈՒԹՅՈՒՆ

Դաս 2 Ճնանմուշ 2   2•7

_____

Ծանոթագրություն՝ _____

ուղղահայաց գրաֆիկական պատկեր

Դաս 2.   Նկարեք գրաֆիկական պատկեր և նշումներ կատարեք՝ մինչև չորս կատեգորիայի տվյալները ներկայացնելու համար։

141

a. Օգտագործեք հաշվարկման աղյուսակը՝ գրաֆիկական պատկերը լրացնելու համար:

b. Նկարեք ժապավենաձև դիագրամ՝ ցույց տալու համար, թե ինչքան ավելի շատ գիրք է կարդացել Խոսեն Լաուրայից:

c. Եթե Խոսեն, Լաուրան և Լինդան միասին կարդացել են 21 գիրք, ապա ինչքա՞ն գիրք է կարդացել Լինդան:

Կարդացված գրքերի քանակը

Ժոզե	Լաուրա	Լինդա
卌 III	卌	

d. Լրացրեք հաշվարկման աղյուսակն ու գրաֆիկական պատկերը:

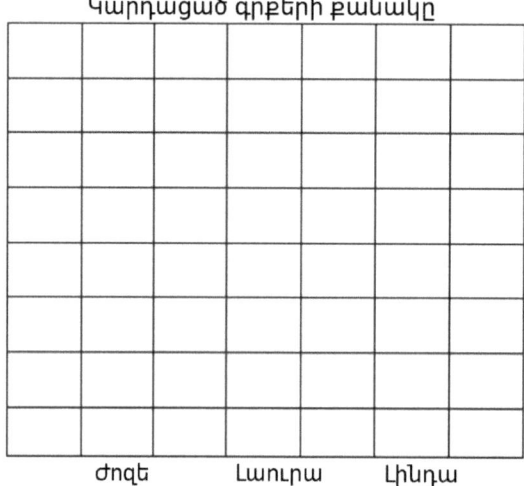

Յուրաքանչյուր ● նշանակում է 1 գիրք

144 Դաս 3. Նկարեք սյունակաձև դիագրամ և նշումներ կատարեք՝ տվյալները ներկայացնելու համար, համեմատեք հաշվային սանդղակը թվային ուղիղի հետ:

Անուն ____________________ Ամսաթիվ ____________

1. Լրացրեք ստորև սյունակաձև դիագրամն՝ օգտվելով աղյուսակում նշված տվյալներից: Այնուհետև պատասխանեք տվյալների վերաբերյալ հարցերին:

Կենդանիների դասակարգում			
Թռչուններ	Ձկներ	Կաթնասուններ	Սողուններ
6	5	11	3

Վերնագիր՝ ____________________

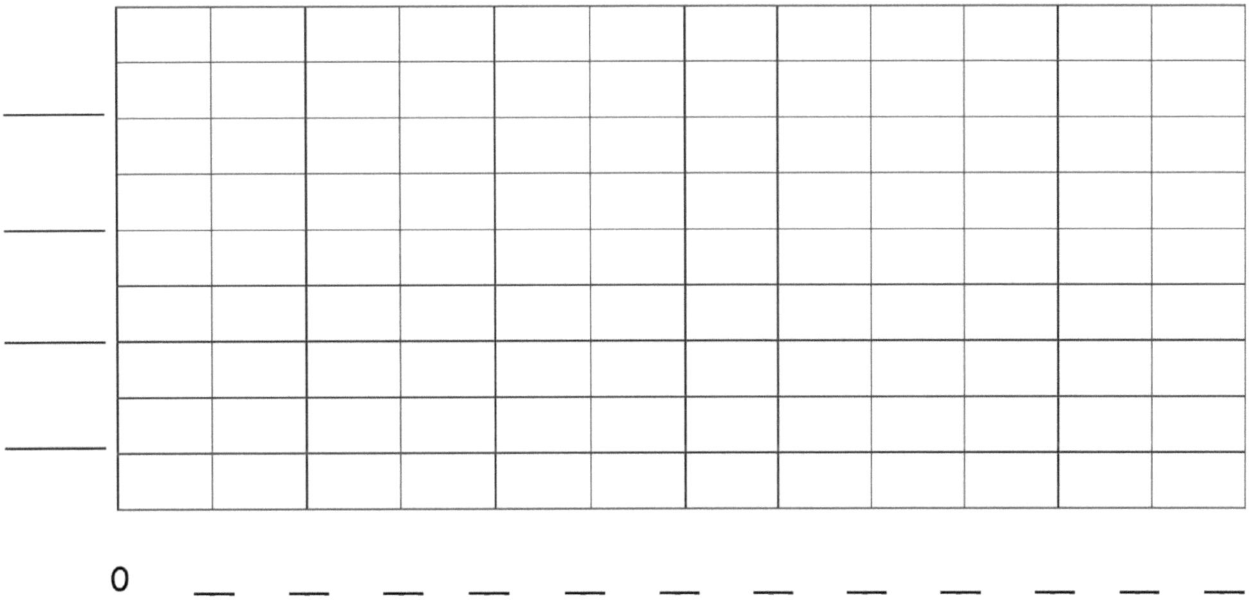

a. Քանիսո՞վ են շատ թռչունները սողուններից: ______

b. Քանիսո՞վ են շատ թռչուններն ու կաթնասունները ձկներից և սողուններից: ______

c. Քանիսո՞վ են քիչ սողուններն ու ձկները կաթնասուններից: ______

d. Գրեք և պատասխանեք ձեր կազմած համեմատության հարցին՝ տվյալների հիման վրա:

Հարց. ____________________

Պատասխան. ____________________

Դաս 3. Նկարեք սյունակաձև դիագրամ և նշումներ կատարեք՝ տվյալները ներկայացնելու համար, համեմատեք հաշվային սանդղակը թվային ուղիղի հետ:

2. Լրացրեք ստորև սյունակաձև դիագրամն՝ օգտվելով աղյուսակում նշված տվյալներից:

Կենդանիների բնակավայրեր		
Անապատ	Արկտիկա	Խոտհարքներ
𝍸 |	𝍸	𝍸 𝍸 ||||

Վերնագիր՝ ______________________

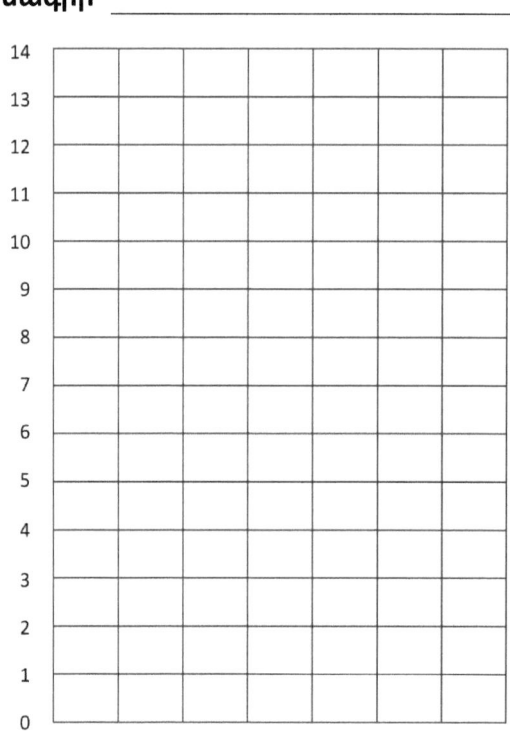

a. Արոտավայրային և արկտիկական կենսամիջավայրում միասին վերցրած ինչքա՞ն ավելի շատ կենդանի է ապրում, քան անապատում: ________

b. Եթե գրաֆիկին ավելացնենք ևս 3 արոտավայրային և 4 արկտիկական կենսամիջավայրում ապրող կենդանիներ, ապա ինչքա՞ն կլինի արոտավայրերում և Արկտիկայում ապրող կենդանիների թիվը: ________

c. Եթե յուրաքանչյուր կատեգորիայից հեռացվի 3 կենդանի, ինչքա՞ն կենդանի կլինի: ______

d. Գրեք ձեր կազմած համեմատության հարցը՝ տվյալների հիման վրա, և պատասխանեք:

Հարց. ____

Պատասխան. ____

Անուն ______________________________ Ամսաթիվ ________________

Լրացրեք ստորև սյունակաձև դիագրամը՝ օգտվելով աղյուսակում նշված տվյալներից: Այնուհետև պատասխանեք տվյալների վերաբերյալ հարցերին:

Կենդանիների դասակարգում			
Թռչուններ	Ձկներ	Կաթնասուններ	Սողուններ
7	12	8	6

Վերնագիր՝ ______________________________

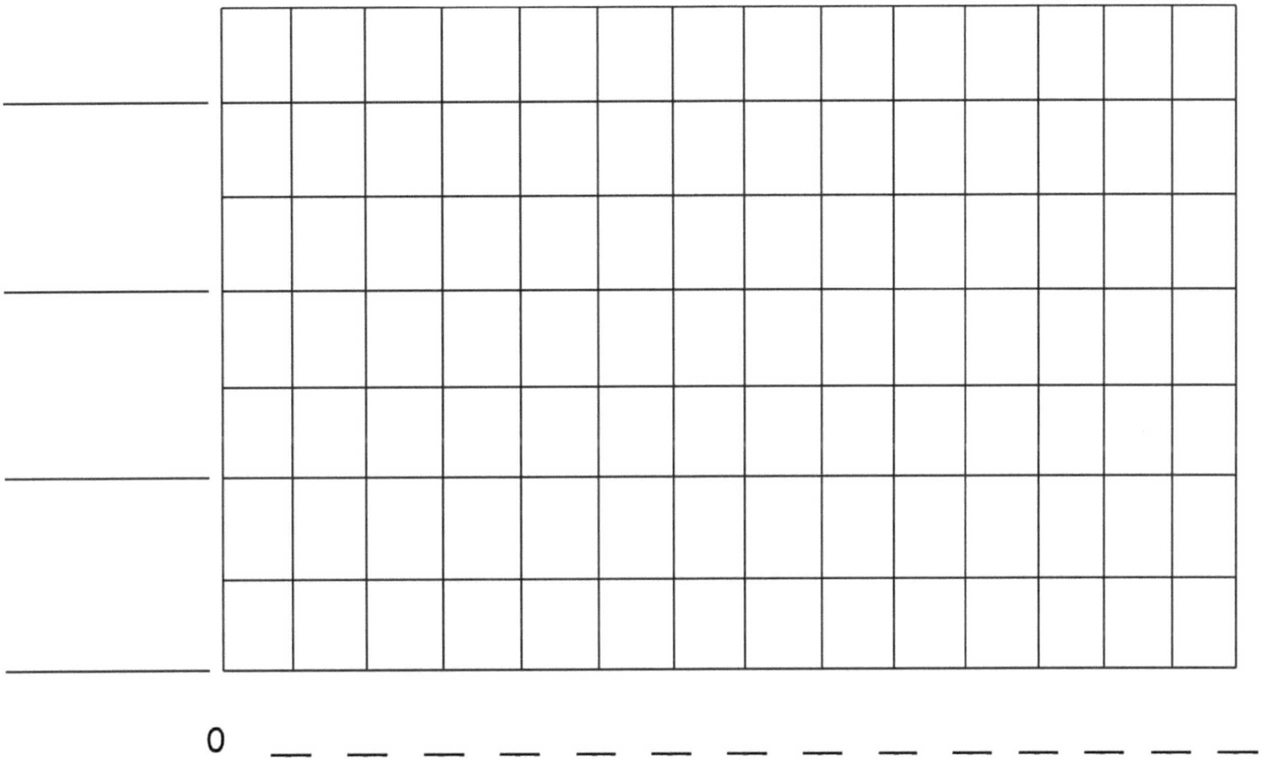

0

a. Քանիսո՞վ են շատ ձկները սողուններից: ________

b. Քանիսո՞վ են շատ ձկներն ու կաթնասունները թռչուններից և սողուններից: ________

Դաս 3. Նկարեք սյունակաձև դիագրամ և նշումներ կատարեք՝ տվյալները ներկայացնելու համար, համեմատեք հաշվային սանդղակը թվային ուղիղի հետ:

ՄԻԱՎՈՐՆԵՐԻ ՊԱՏՄՈՒԹՅՈՒՆ Դաս 3 Զևանմուշ 2 2•7

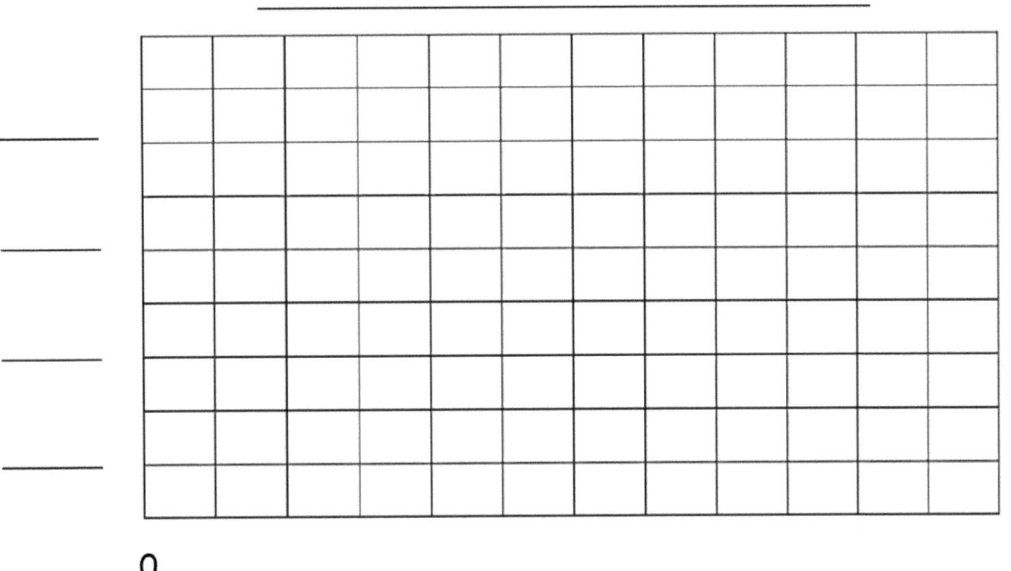

Վերնագիր՝ _____

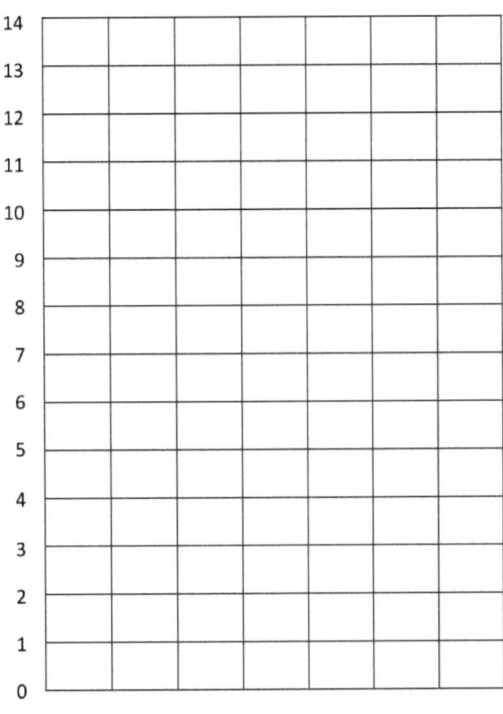

_____
հորիզոնական և ուղղահայաց սյունակածև դիագրամներ

Դաս 3. Նկարեք սյունակածև դիագրամ և նշումներ կատարեք՝ տվյալները ներկայացնելու համար, համեմատեք հաշվային սանդղակը թվային ուղղի հետ:

Կենդանաբանական այգի այցելելուց հետո տիկին Անդերսոնի աշակերտները նշեցին իրենց ամենից շատ դուր եկած կենդանիների անունները: Օգտվելով սյունակածև դիագրամից՝ պատասխանեք հետևյալ հարցերին:

a. Ո՞ր կենդանին էր ամենաքիչ հավանումները ստացել:

b. Ո՞ր կենդանին էր ամենաշատ հավանումները ստացել:

c. Ինչքա՞ն աշակերտի էր ավելի շատ դուր եկել Կոմոդո վիշապը, քան կոալա արջը:

d. Ավելի ուշ երկու աշակերտներ փոխեցին իրենց կարծիքը՝ կոալա արջի նախապատվությունը տալով ձյունահովազին: Այդ ժամանակ ի՞նչ տարբերություն եղավ կոալա արջի ու ձյունահովազի միջև:

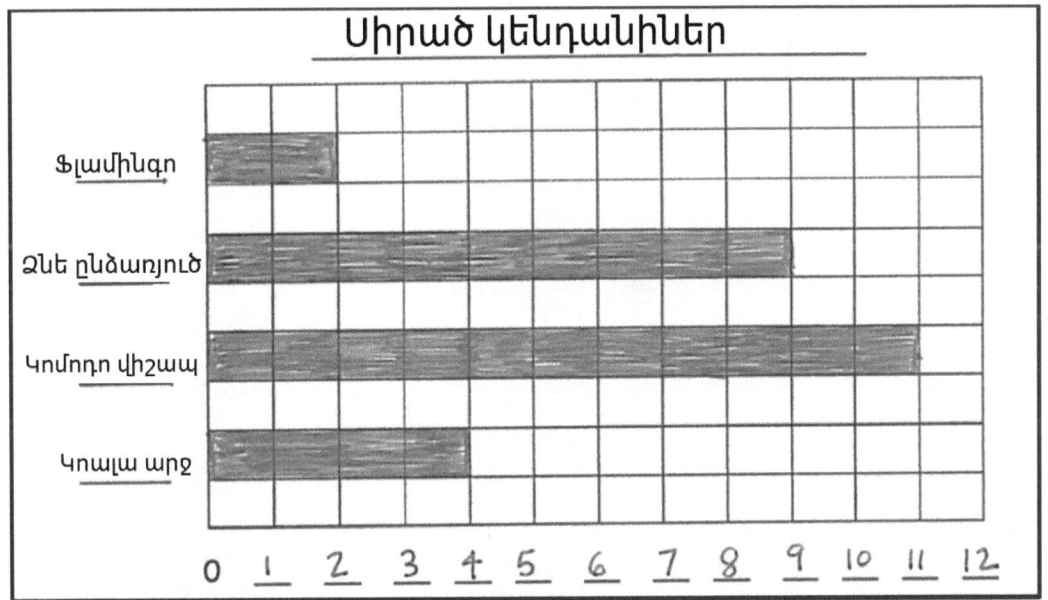

a. _____

b. _____

c. _____

d. _____

Անուն ______________________ Ամսաթիվ ____________

1. Լրացրեք սյունակաձև դիագրամը՝ օգտվելով աղյուսակից՝ այգում Ալիսիայի տեսած միջատների հաշվարկի տվյալներով: Այնուհետև պատասխանեք հետևյալ հարցերին:

Միջատների տեսակներ			
Թիթեռներ	Սարդեր	Մեղուներ	Մորեխներ
5	14	12	7

Վերնագիր. ______________________

0

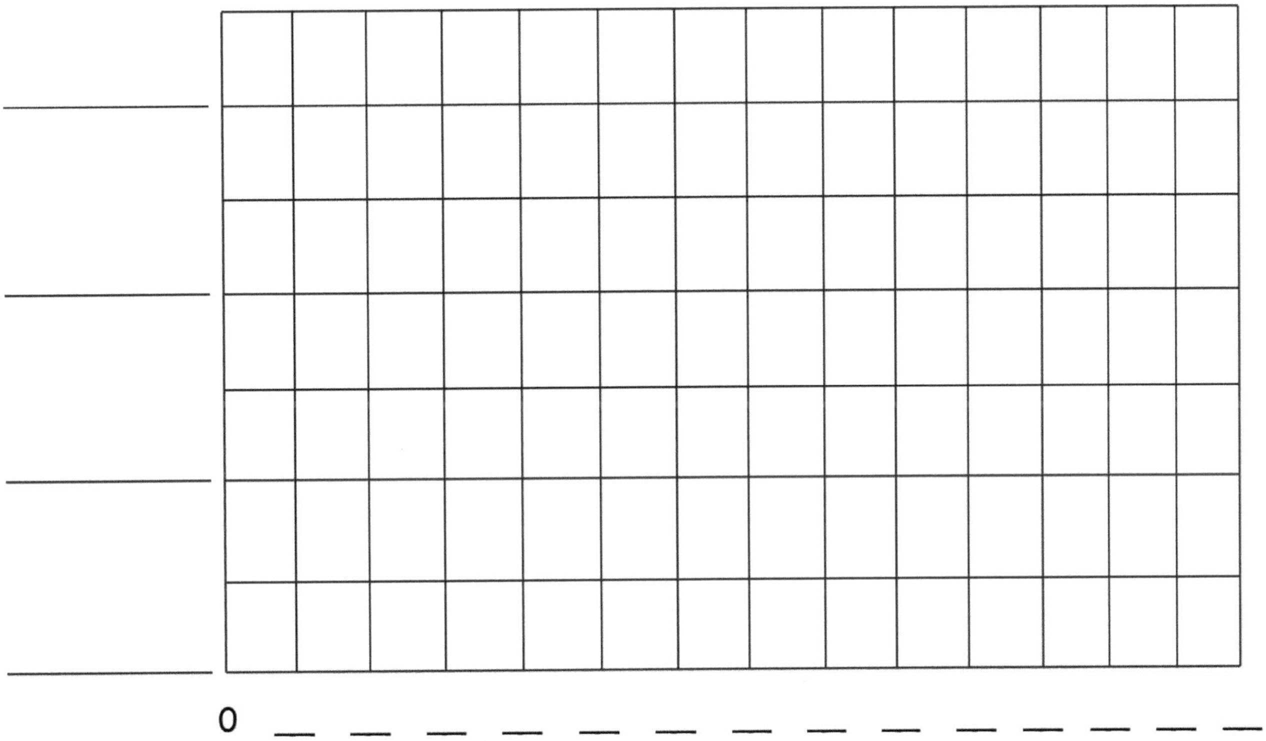

a. Քանի՞ թիթեռնիկ էր նա հաշվել այգում: ________

b. Այգում մեղուներն ինչքանո՞վ էին շատ մորեխներից: ________

c. Ո՞ր միջատն էր կրկնակի անգամ շատ, քան մորեխները: ________

d. Քանի՞ միջատ հաշվեց Ալիսիան այգում: ________

e. Այգում թիթեռներն ինչքանո՞վ էին քիչ մեղուներից ու մորեխներից: ________

EUREKA MATH Դաս 4. Գծեք սյունակաձև դիագրամ՝ նշված տվյալները ներկայացնելու համար: 153

Copyright © Great Minds PBC

2. Լրացրեք սյունակաձև դիագրամը նշումներով և թվերով՝ ներկայացնելով Օ'Բրայենի ֆերմայի գյուղատնտեսական կենդանիների քանակը:

Օ'Բրայենի ֆերմայի կենդանիները			
Այծեր	Խոզեր	Կովեր	Հավեր
13	15	7	8

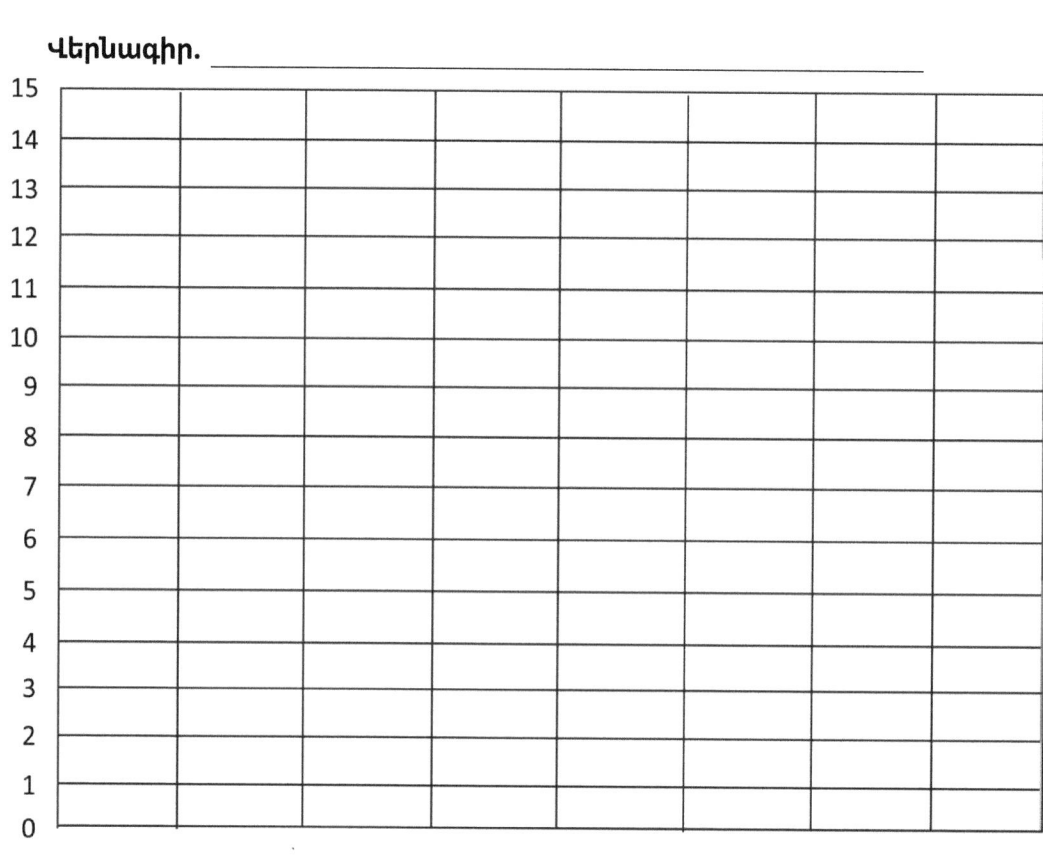

Վերնագիր. ________________________________

______ ______ ______ ______

a. Օ'Բրայենի ֆերմայում ինչքանո՞վ են շատ խոզերը հավերից: ________

b. Օ'Բրայենի ֆերմայում ինչքանո՞վ են քիչ կովերը այծերից: ________

c. Օ'Բրայենի ֆերմայում ինչքանո՞վ են քիչ հավերը այծերից և կովերից: ________

d. Գրեք համեմատության հարց, որին հնարավոր է պատասխանել՝ օգտվելով սյունակաձև դիագրամի տվյալներից:

____

Անուն _____ Ամսաթիվ _____

Լրացրեք սյունակաձև դիագրամը՝ օգտվելով աղյուսակից՝ բակում Ջերեմիի տեսած միջատների հաշվարկի տվյալներով։ Այնուհետև պատասխանեք հետևյալ հարցերին։

Միջատների տեսակներ			
Թիթեռներ	Սարդեր	Մեղուներ	Մորեխներ
4	8	10	9

Վերնագիր. _____

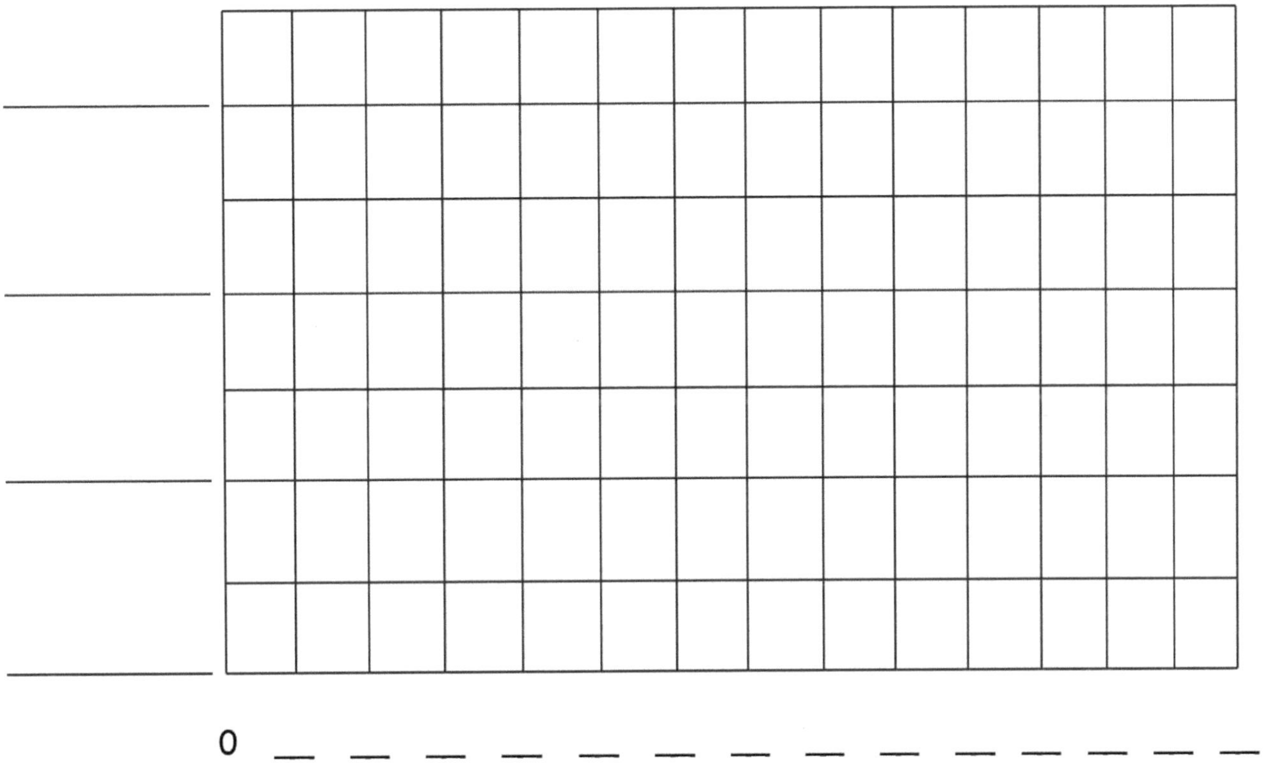

0 _ _ _ _ _ _ _ _ _ _ _ _ _ _

a. Սարդերն ու մորեխներն ինչքանո՞վ էին շատ մեղուներից ու թիթեռներից։

_____

b. Եթե 5 թիթեռ ավելի շատ հաշվեր, քանի՞ միջատ կլիներ։

_____

Դաս 4.   Գծեք սյունակաձև դիագրամ նշված տվյալները ներկայացնելու համար։

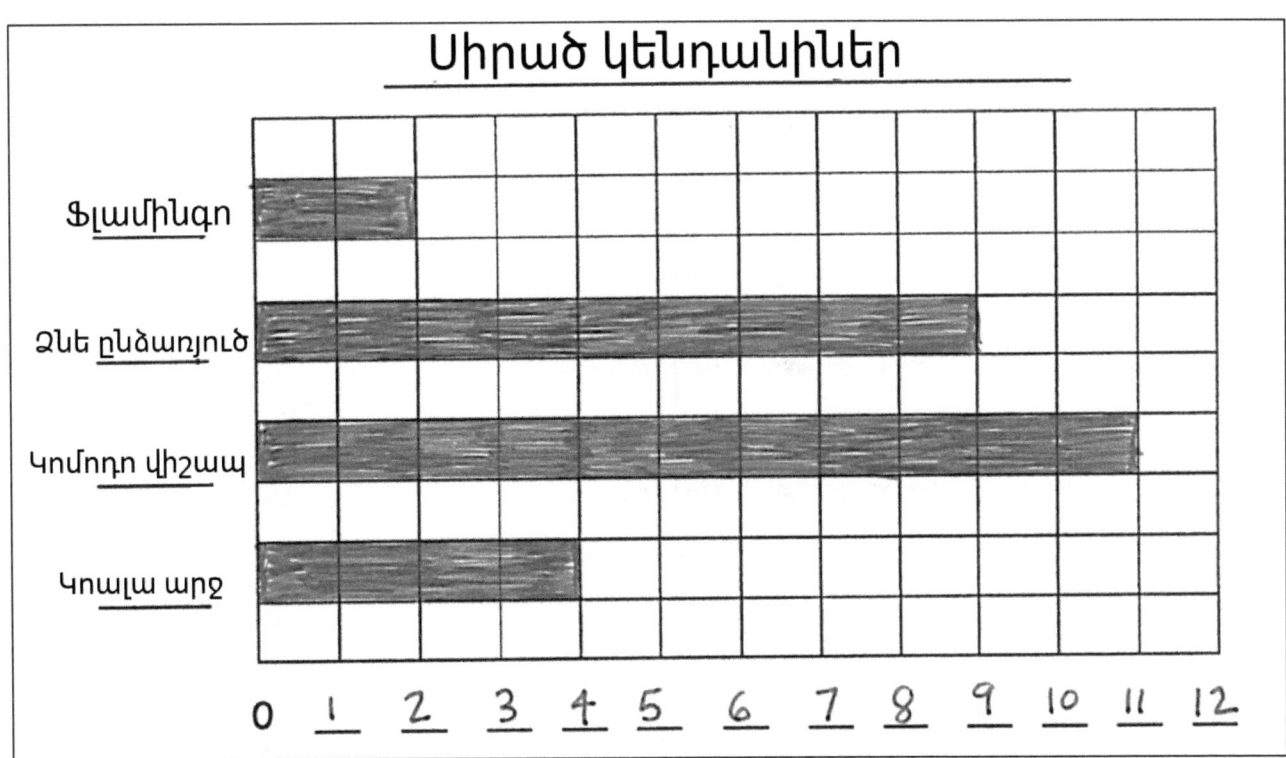

սիրած կենդանիների սյունակաձև դիագրամ

R (ուշադիր կարդացեք խնդիրը:)

Ռիտան 19 պեննի ավելի շատ ունի, քան Կառլոսը: Ռիտան ունի 27 պեննի: Քանի՞ պեննի ունի Կառլոսը:

D (նկար նկարեք:)

W (Գրեք և լուծեք հավասարումը:)

W (Գրեք իրադրությանը համապատասխան պնդում:)

_____

_____

_____

Անուն _____ Ամսաթիվ _____

Կալիստան պեննիներ է հավաքել։ Լրացրեք սյունակաձև դիագրամն՝ օգտվելով աղյուսակից։ Այնուհետև պատասխանեք հետևյալ հարցերին։

Հավաքված պեննիները			
Շաբաթ	Կիրակի	Երկուշաբթի	Երեքշաբթի
15	10	4	7

Վերնագիր. _____

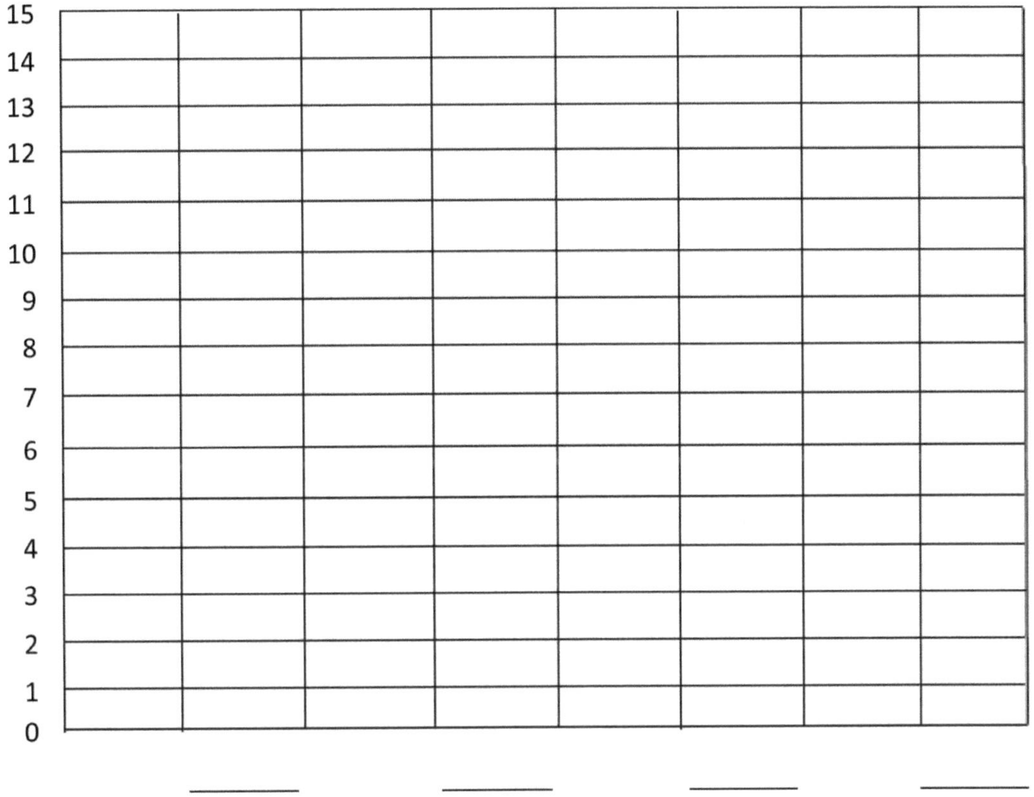

a. Ընդհանուր քանի՞ պեննի է Կալիսան հավաքել։ _____
b. Նրա քույրը հավաքել է 18 պեննի պակաս։ Քանի՞ պեննի է նրա քույրը հավաքել։ _____
c. Շաբաթ օրը Կալիստան ինչքա՞ն գումար ավելի է հավաքել, քան երկուշաբթի և երեքշաբթի օրերը։ _____
d. Ինչպե՞ս կփոխվեն տվյալները, եթե Կալիստան կրկնապատկի կիրակի օրը իր հավաքած գումարը։ _____
e. Գրեք համեմատության հարց, որին հնարավոր է պատասխանել՝ օգտվելով սյունակաձև դիագրամի տվյալներից։
_____

Դաս 5. Լուծեք բառային խնդիրները՝ օգտվելով սյունակաձև դիագրամում ներկայացված տվյալներից։

Անուն ____________________ Ամսաթիվ ____________

Մի խումբ ընկերներ հաշվեցին իրենց 5 ցենտանոց մետաղադրամները: Լրացրեք սյունակաձև դիագրամն՝ օգտվելով աղյուսակից: Այնուհետև պատասխանեք հետևյալ հարցերին:

5 ցենտանոց մետաղադրամների քանակը			
Անի	Սկարլետ	Ռեմի	Լաշեյ
5	11	8	14

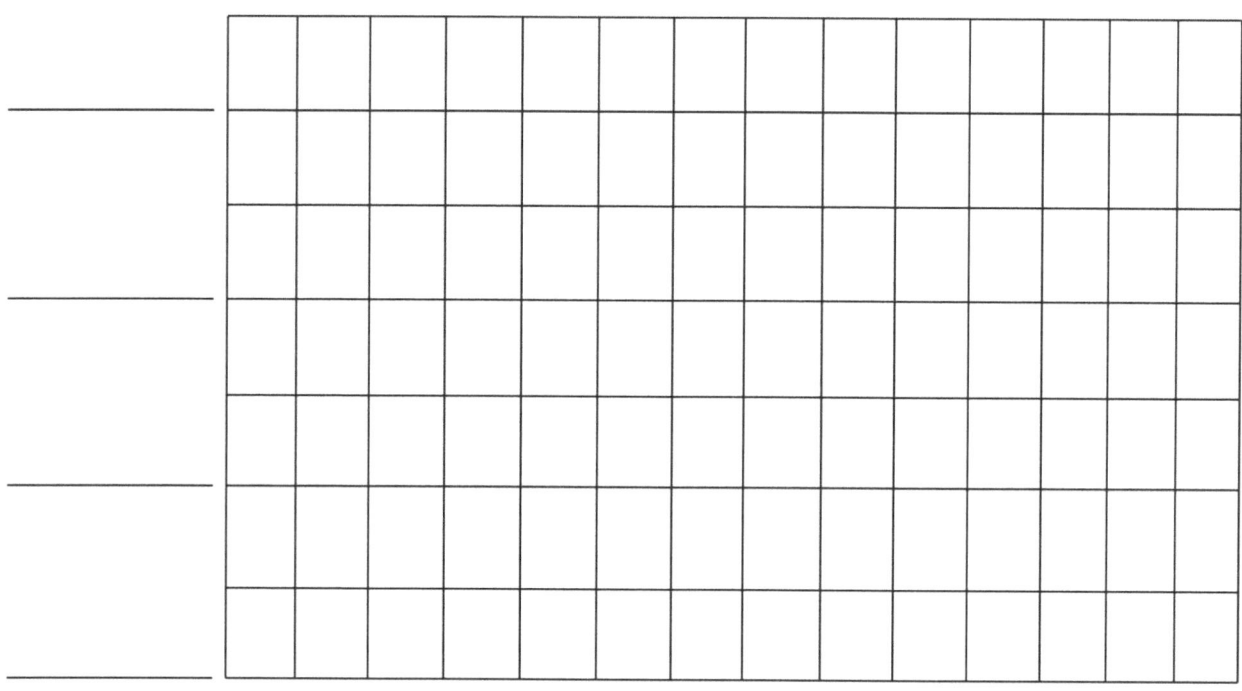

Վերնագիր՝ ____________________

a. Ընդհանուր քանի՞ 5 ցենտանոց մետաղադրամ ունեն երեխաները: _____

b. Ինչքա՞ն է Անիի և Ռեմիի մետաղադրամների ընդհանուր արժեքը: _____

c. Ինչքա՞ն 5 ցենտանոց մետաղադրամ քիչ ունի Ռեմին Լաշեյից: _____

d. Ո՞վ ավելի քիչ գումար ունի՝ Անին և Սկարլե՞տը, թե՞ Ռեմին ու Լաշեյը: ____________

e. Գրեք համեմատության հարց, որին հնարավոր է պատասխանել՝ օգտվելով սյունակաձև դիագրամի տվյալներից:

____

Անուն ______________________________ Ամսաթիվ ________________

1. Մշակեք հետազոտություն և հավաքեք տվյալներ:
2. Նշումներ կատարեք և լրացրեք աղյուսակը:
3. Օգտվեք աղյուսակից՝ նշումներ կատարելու և սյունակաձև դիագրամը լրացնելու համար:
4. Գրաֆիկի հիման վրա կազմեք հարցեր, այնուհետև թող աշակերտները պատասխանեն դրանց՝ օգտվելով գրաֆիկից:

   a. ______________________________

   b. ______________________________

   c. ______________________________

   d. ______________________________

Անուն ______________________________ Ամսաթիվ ______________

1. Լրացրեք սյունակաձև դիագրամն՝ օգտվելով աղյուսակից: Այնուհետև պատասխանեք հետևյալ հարցերին:

10 ցենտանոց մետաղադրամների թիվը

Էմիլի	Էնդրյու	Թոմաս	Ավա
8	12	6	13

Վերնագիր. ______________________________

a. Էնդրյուն քանի՞ 10 ցենտանոց մետաղադրամ ավելի ունի, քան Էմիլին: _______

b. Թոմասը քանի՞ 10 ցենտանոց մետաղադրամ պակաս ունի, քան Ավան և Էմիլին: _____

c. Շրջանակի մեջ առեք այն զույգը, ում մոտ ավելի շատ 10 ցենտանոց մետաղադրամներ կան՝ Էմիլիին և Ավային, կամ Էնդրյուին և Թոմասին: Ինչքանո՞վ են շատ: _______

d. Ինչքա՞ն կլինի 10 ցենտանոց մետաղադրամների ընդհանուր թիվը, եթե բոլոր աշակերտները դրանք գումարեն:

____

2. Լրացրեք սյունակաձև դիագրամն՝ օգտվելով աղյուսակից։ Այնուհետև պատասխանեք հետևյալ հարցերին․

Նվիրաբերված 10 ցենտանոց մետաղադրամների թիվը

Մեդիսոն	Ռոբին	Բենջամին	Միգել
12	10	15	13

Վերնագիր. _____

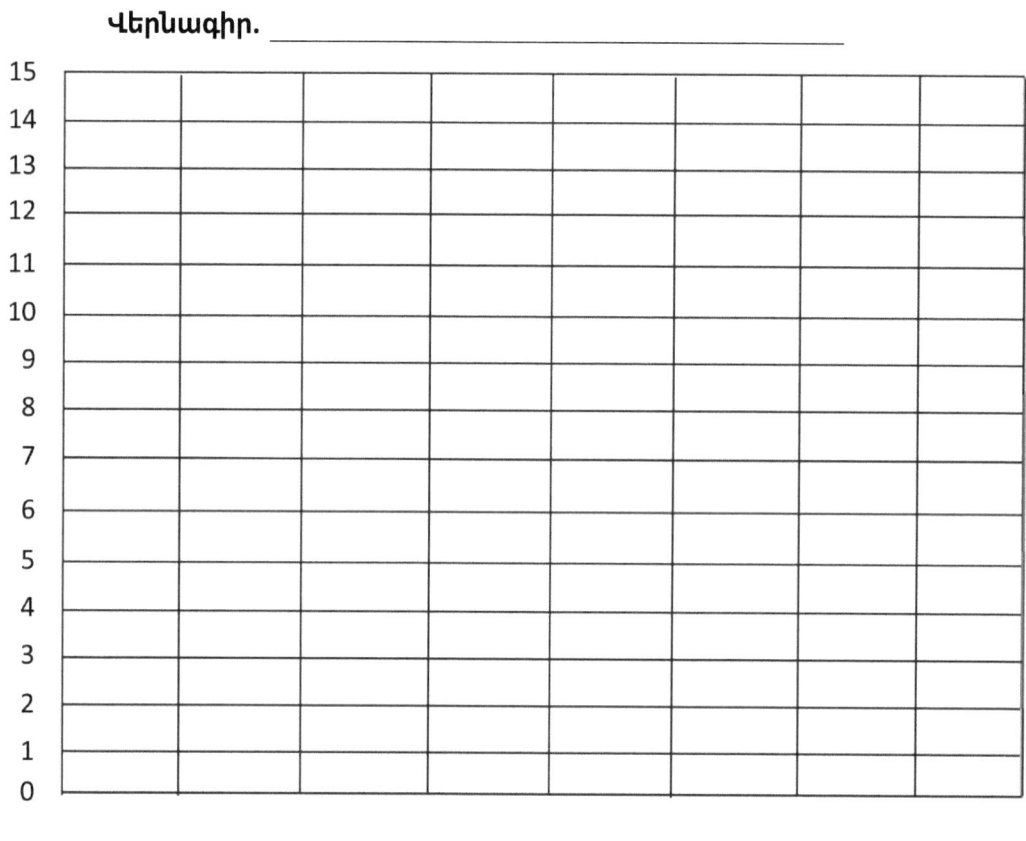

a. Ինչքա՞ն ավելի շատ 10 ցենտանոց մետաղադրամներ նվիրաբերեց Միգելը Ռոբինից։ ____

b. Ինչքա՞ն ավելի քիչ 10 ցենտանոց մետաղադրամներ նվիրաբերեց Մեդիսոնը Ռոբինից և Բենջամինից։ _____

c. Ինչքա՞ն ավելի շատ 10 ցենտանոց մետաղադրամներ պետք է նվիրաբերի Միգելը, որպեսզի հավասարվի Բենջամինին և Մեդիսոնին։ _____

d. Ինչքա՞ն 10 ցենտանոց մետաղադրամներ են նվիրաբերվել։ _____

ՄԻԱՎՈՐՆԵՐԻ ՊԱՏՄՈՒԹՅՈՒՆ   Դաս 5 Գնահատման թերթիկ 2•7

Անուն _____ Ամսաթիվ _____

Լրացրեք սյունակաձև դիագրամն՝ օգտվելով աղյուսակից։ Այնուհետև պատասխանեք հետևյալ հարցերին:

10 ցենտանոց մետաղադրամների թիվը

Լեյսի	Սեմ	Ստեֆանի	Ամբեր
6	11	9	14

Վերնագիր. _____

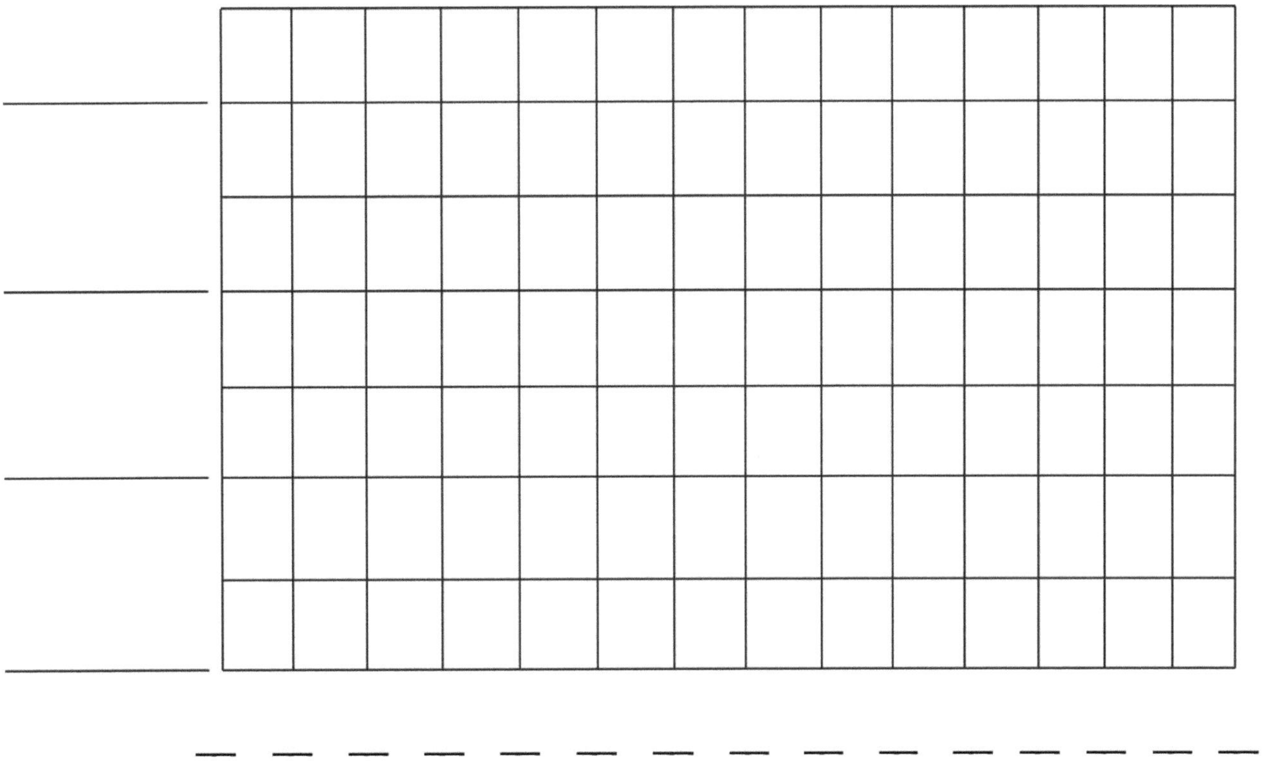

a. Ամբերն ինչքա՞ն 10 ցենտանոց մետաղադրամ ավելի ունի, քան Ստեֆանին: _____

b. Ինչքա՞ն 10 ցենտանոց մետաղադրամներ պետք է հավաքեն Սեմն ու Լեյսին, որպեսզի հավասարվեն Ստեֆանիին և Ամբերին:

_____

Դաս 5.   Լուծեք բառային խնդիրները՝ օգտվելով սյունակաձև դիագրամում ներկայացված տվյալներից:

R (ուշադիր կարդացեք խնդիրը:)

Սառան փող է հավաքում իր խոզուկ-դրամատուփի մեջ: Նա ունի 3 տասցենտանոց, 1 քսանհինգցենտանոց մետաղադրամ և 8 պեննի:

a. Ինչքա՞ն փող ունի Սառան:

b. Ինչքա՞ն գումար է անհրաժեշտ նրան, որպեսզի մեկ դոլար դառնա:

D (նկար նկարեք:)

W (Գրեք և լուծեք հավասարումը:)

W (Գրեք իրադրությանը համապատասխան պնդում։)

a.

b.

ՄԻԱՎՈՐՆԵՐԻ ՊԱՏՄՈՒԹՅՈՒՆ

Դաս 6 Խնդիրներ 2•7

Անուն _____ Ամսաթիվ _____

Հաշվեք կամ գումարեք, որպեսզի գտնեք մետաղադրամների յուրաքանչյուր խմբի ընդհանուր արժեքը:

Գրեք գումարը՝ օգտագործելով ¢ կամ $ նշանները:

1. 	_____
2. 	_____
3. 	_____
4. 	_____
5. 	_____
6. 	_____
7. 	_____

Դաս 6.   Ճանաչեք մետաղադրամների արժեքը և հաշվեք՝ դրանց ընդհանուր արժեքը գտնելու համար:

171

8.

____

9.

____

10.

____

11.

____

12.

____

13.

____

14.

____

15.

____

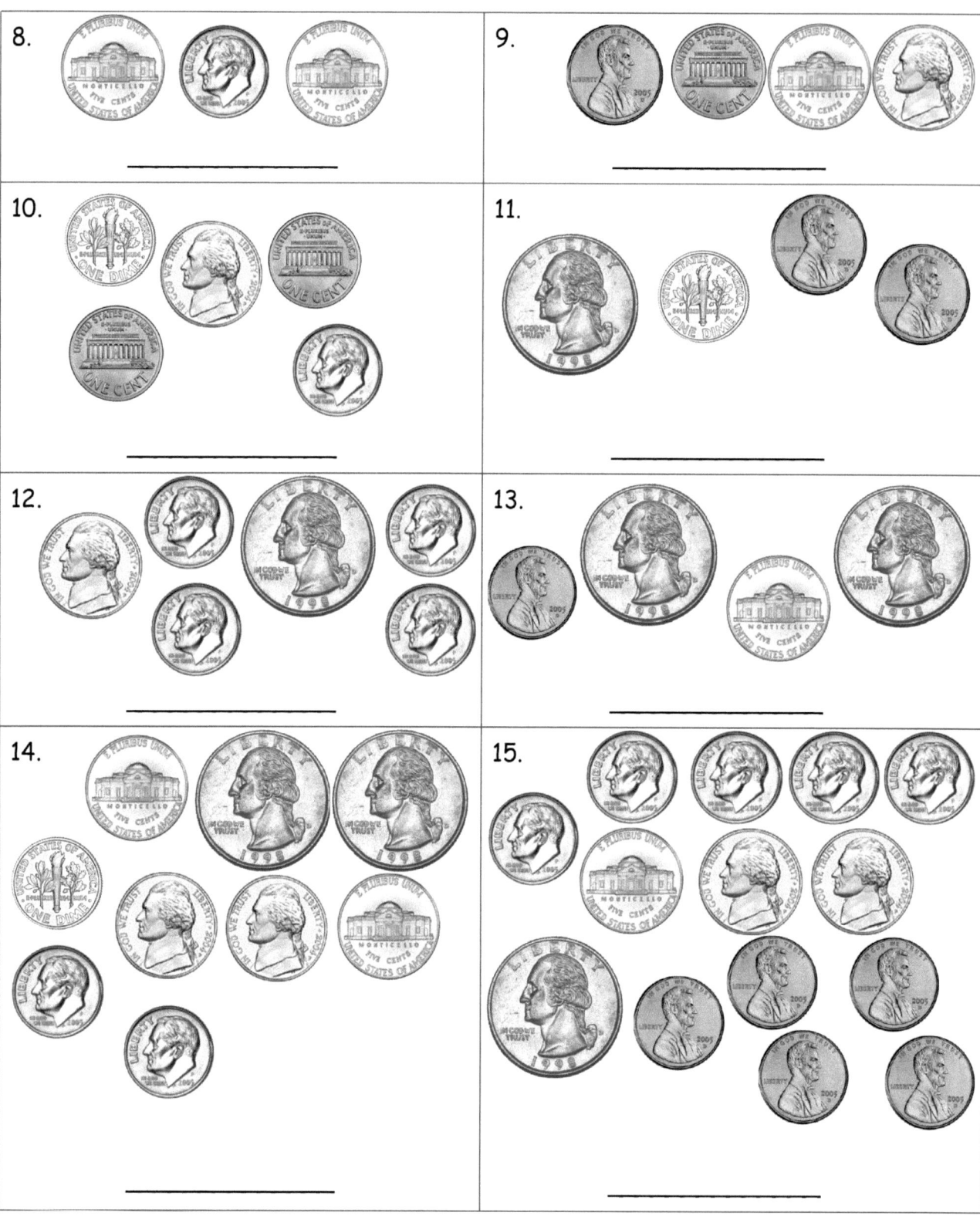

Անուն _____   Ամսաթիվ _____

Հաշվեք կամ գումարեք, որպեսզի գտնեք մետաղադրամների յուրաքանչյուր խմբի ընդհանուր արժեքը։

Գրեք գումարը՝ օգտագործելով ¢ կամ $ նշանները։

1.	2.

3.	4.

Դաս 6. Ճանաչեք մետաղադրամների արժեքը և հաշվեք՝ դրանց ընդհանուր արժեքը գտնելու համար։

R (ուշադիր կարդացեք խնդիրը։)

Դենին ունի 2 տասցենտանոց, 1 քսանհինգցենտանոց, 3 հինգցենտանոց մետաղադրամ և 5 պեննի։

a. Ինչքա՞ն է Դենիի մետաղադրամների ընդհանուր գումարը։

b. Ցույց տվեք գումարման երկու տարբեր եղանակներ, որոնք Դենին կարող է կիրառել՝ ընդհանուր գումարը գտնելու համար։

D (Նկար նկարեք։)

W (Գրեք և լուծեք հավասարումը։)

ՄԻԱՎՈՐՆԵՐԻ ՊԱՏՄՈՒԹՅՈՒՆ Դաս 7 Գործնական խնդիր 2•7

W (Գրեք իրադրությանը համապատասխան պնդում:)

a. ______________________________

____

b. ______________________________

____

176 Դաս 7. Լուծեք բառային խնդիրներ՝ օգտագործելով մետաղադրամների խմբի ընդհանուր գումարը:

Անուն ________________________________ Ամսաթիվ ______________

Լուծեք:

1. Գրեյսն ունի 3 տասցենտանոց, 2 հինգցենտանոց մետաղադրամ և 12 պեննի: Ինչքա՞ն փող ունի նա:

2. Լիզան մի գրպանում ունի 2 տասցենտանոց մետաղադրամ և 4 պեննի, իսկ մյուս գրպանում՝ 4 հինգցենտանոց և 1 քսանհինգցենտանոց մետաղադրամ: Ինչքա՞ն փող ունի նա ընդամենը:

3. Անցյալ շաբաթ Մամադուն բազմոցին գտավ 39 ցենտ: Այս շաբաթ նա գտավ 2 հինգցենտանոց, 4 տասցենտանոց մետաղադրամ և 5 պեննի: Ինչքա՞ն փող ունի Մամադուն ընդամենը:

4. Էմանուելն ուներ 53 ցենտ: Նա իր եղբորը տվեց 1 տասցենտանոց և 1 հինգցենտանոց մետաղադրամ: Ինչքա՞ն փող մնաց Էմանուելի մոտ:

5. Գրասեղանի վերևի դարակում կա 2 քսանհինգցենտանոց մետաղադրամ և 14 պեննի, իսկ ներքևի դարակում՝ 7 պեննի, 2 հինգցենտանոց և 1 տասցենտանոց մետաղադրամ: Ինչքա՞ն գումար կա երկու դարակներում ընդհանուր:

6. Ռիկարդոն ունի 3 քսանհինգցենտանոց, 1 տասցենտանոց, 1 հինգցենտանոց մետաղադրամ և 4 պեննի: Նա իր ընկերոջը տվեց 68 ցենտ: Ինչքա՞ն փող մնաց Ռիկարդոյի մոտ:

EUREKA MATH

Անուն ______________________________ Ամսաթիվ ______________

Լուծեք:

1. Գրեգն իր գրպանում ունի 1 քսանհինգցենտանոց, 1 տասցենտանոց և 3 հինգցենտանոց մետաղադրամ: Նա մայթին գտավ 3 հինգցենտանոց մետաղադրամ: Ինչքա՞ն փող ունեցավ Գրեգը:

2. Ռոբերտը Սանդրային տվեց 1 քսանհինգցենտանոց, 5 հինգցենտանոց մետաղադրամ և 2 պեննի: Սանդրան արդեն ուներ 3 պեննի և 2 տասցենտանոց մետաղադրամ: Ինչքա՞ն փող ունի այժմ Սանդրան:

R (ուշադիր կարդացեք խնդիրը:)

Կիկոյի եղբայրն ասում է, որ ինքը կփոխի նրա 2 քսանհինգցենտանոց, 4 տասցենտանոց և 2 հինգցենտանոց մետաղադրամները մեկդոլարանոց թղթադրամով: Ճի՞շտ փոխանակում է: Ինչպե՞ս իմացաք:

D (Նկար նկարեք:)

W (Գրեք և լուծեք հավասարումը:)

EUREKA MATH Դաս 8. Լուծեք բառային խնդիրներ՝ օգտագործելով թղթադրամների խմբի ընդհանուր արժեքը: 181

W (Գրեք իրադրությանը համապատասխան պնդում:)

_____

_____

_____

Անուն _____ Ամսաթիվ _____

Լուծեք:

1. Պատրիկն ունի 1 տասդոլարանոց, 2 հինգդոլարանոց և 4 մեկդոլարանոց թղթադրամներ: Ինչքա՞ն փող ունի նա:

2. Սյուզանն իր պայուսակում ունի 2 հինգդոլարանոց և 3 տասդոլարանոց թղթադրամներ, իսկ գրպանում 11 մեկդոլարանոց թղթադրամներ: Ինչքա՞ն փող ունի նա ընդամենը:

3. Ռաջան ունի $60: Նա իր զարմիկին տվեց 1 քսանդոլարանոց և 3 հինգդոլարանոց թղթադրամներ: Ինչքա՞ն փող մնաց Ռաջայի մոտ:

4. Մայքլն ունի 4 տասդոլարանոց և 7 հինգդոլարանոց թղթադրամներ: Նա ունի 3 տասդոլարանոց և 2 հինգլդոլարանոց թղթադրամ ավելի, քան Թամարան: Ինչքա՞ն գումար ունի Թամարան:

5. Անտոնիոն ունի 4 տասդոլարանոց, 5 հինգդոլարանոց և 15 մեկդոլարանոց թղթադրամներ: Այդ գումարից $70 նա դրել է իր բանկային հաշվին: Ինչքա՞ն գումար նա չի դրել իր բանկային հաշվին:

6. Տիկին Կլարկն իր դրամապանակում ունի 8 հինգդոլարանոց և 2 տասդոլարանոց թղթադրամներ: Նա իր պայուսակում ունի 1 քսանդոլարանոց և 12 մեկդոլարանոց թղթադրամներ: Ինչքա՞ն ավելի փող ունի նա դրամապանակում, քան պայուսակում:

Անուն _____ Ամսաթիվ _____

Լուծեք:

1. Ջոշն ունի 3 հինգդոլարանոց, 2 տասդոլարանոց և 7 մեկդոլարանոց թղթադրամներ: Նա Սյուզիին տվեց 1 հինգդոլարանոց և 2 մեկդոլարանոց թղթադրամներ: Ինչքա՞ն փող մնաց Ջոշի մոտ:

2. Ջերեմին ունի 3 մեկդոլարանոց և 1 հինգդոլարանոց թղթադրամներ: Ջեսիկան ունի 2 տասդոլարանոց և 2 հինգդոլարանոց թղթադրամներ: Սեմն ունի 2 տասդոլարանոց և 4 հինգդոլարանոց թղթադրամներ: Ինչքա՞ն փող ունեն նրանք միասին:

R (ուշադիր կարդացեք խնդիրը:)

Կլարկն ունի 3 տասդոլարանոց և 6 հինգդոլարանոց թղթադրամներ: Նա ունի 2 տասդոլարանոց և 2 հինգլդոլարանոց թղթադրամ ավելի, քան Շենոնը:

Ինչքա՞ն գումար ունի Շենոնը:

D (Նկար նկարեք:)

W (Գրեք և լուծեք հավասարումը:)

Դաս 9. Լուծեք բառային խնդիրները՝ օգտագործելով նույն ընդհանուր արժեքով մետաղադրամների տարբեր համադրություններ:

W (Գրեք իրադրությանը համապատասխան պնդում:)

_____

_____

_____

Անուն ______________________________ Ամսաթիվ ______________

Ուրիշ եղանակով ստացեք ընդհանուր արժեքը:

1. 26 ցենտ 2 տասցենտանոց 1 հինգցենտանոց 1 պեննին կազմում են 26 ցենտ:	26 ցենտ ստանալու ուրիշ եղանակ:
2. 35 ցենտ 3 տասցենտանոց և 1 հինգցենտանոց մետաղադրամները կազմում են 35 ցենտ:	35 ցենտ ստանալու ուրիշ եղանակ:
3. 55 ցենտ 2 քսանհինգցենտանոց և 1 հինգցենտանոց մետաղադրամները կազմում են 55 ցենտ:	55 ցենտ ստանալու ուրիշ եղանակ:
4. 75 ցենտ 3 քսանհինգցենտանոց մետաղադրամների ընդհանուր արժեքը կազմում է 75 ցենտ:	75 ցենտ ստանալու ուրիշ եղանակ:

EUREKA MATH Դաս 9. Լուծեք բառային խնդիրները՝ օգտագործելով նույն ընդհանուր արժեքով մետաղադրամների տարբեր համադրություններ: 189

5. Գրեթխենն ունի 45 ցենտ յո-յո գնելու համար: Գրեք մետաղադրամների երկու համադրություն, որով կարող էր նա վճարել 45 ցենտանոց յո-յո գնելու համար:

6. Գանձապահը Ջոշուային տվեց 1 քսանհինգցենտանոց, 3 տասցենտանոց և 1 հինգցենտանոց մետաղադրամ: Գրեք մետաղադրամների երկու տարբեր համադրություններ՝ նույն գումարի չափով մանր ստանալու համար:

7. Ալեքսն ունի 4 քսանհինգցենտանոց մետաղադրամ: Նիկոլն ու Քալեբը նույնքան գումար ունեն: Գրեք մետաղադրամների երկու համադրություն, որ Նիկոլն ու Քալեբը կարող են ունենալ:

ՄԻԱՎՈՐՆԵՐԻ ՊԱՏՄՈՒԹՅՈՒՆ

Դաս 9 Գնահատման թերթիկ   2•7

Անուն _____   Ամսաթիվ _____

Սմիթն իր խոզուկ-դրամատուփի մեջ ունի **88** պեննի: Գրեք մետաղադրամների երկու տարբեր համադրություններ՝ նույն գումարի չափը ստանալու համար:

Դաս 9. Լուծեք բառային խնդիրները՝ օգտագործելով նույն ընդհանուր արժեքով մետաղադրամների տարբեր համադրություններ:

R (ուշադիր կարդացեք խնդիրը։)

Էնդրյուն, Բրեթը և Ջեյը յուրաքանչյուրն իրենց գրպանում ունեն 1 դոլարի մանր։ Նրանցից յուրաքանչյուրն ունի մետաղադրամների տարբեր համադրություն։ Ի՞նչ մետաղադրամներ կարող է ունենալ տղաներից յուրաքանչյուրն իր գրպանում։

D (նկար նկարեք։)

W (Գրեք և լուծեք հավասարումը։)

W (Գրեք իրադրությանը համապատասխան պնդում:)

_____

_____

_____

ՄԻԱՎՈՐՆԵՐԻ ՊԱՏՄՈՒԹՅՈՒՆ   Դաս 10 Խնդիրներ   2•7

Անուն _____ Ամսաթիվ _____

1. Կայլան երկու եղանակով ստացավ 30 ցենտ: Շրջանակի մեջ առեք այն եղանակը, որտեղ ամենաքիչ մետաղադրամներն են օգտագործվել:

   a.   b.

   (a) տարբերակի ո՞ր երկու մետաղադրամներն են փոխարինվել (b) տարբերակի մեկ մետաղադրամի հետ:

   _____

2. Ստացեք 20¢ երկու եղանակով: Գրեք մետաղադրամների հնարավորինս նվազագույն քանակը ստորև աջ կողմում:

	Ամենաքիչ մետաղադրամները.

3. Ստացեք 35¢ երկու եղանակով: Գրեք մետաղադրամների հնարավորինս նվազագույն քանակը ստորև աջ կողմում:

	Ամենաքիչ մետաղադրամները.

Դաս 10.   Տվյալ գումարը ստանալու համար օգտագործեք մետաղադրամների նվազագույն քանակը:

4. Ստացեք 46¢ երկու եղանակով: Գրեք մետաղադրամների հնարավորինս նվազագույն քանակը ստորև աջ կողմում:

	Ամենաքիչ մետաղադրամները.

5. Ստացեք 73¢ երկու եղանակով: Գրեք մետաղադրամների հնարավորինս նվազագույն քանակը ստորև աջ կողմում:

	Ամենաքիչ մետաղադրամները.

6. Ստացեք 85¢ երկու եղանակով: Գրեք մետաղադրամների հնարավորինս նվազագույն քանակը ստորև աջ կողմում:

	Ամենաքիչ մետաղադրամները.

7. Կայլան 3 եղանակով ստացել է 56¢: Շրջանակի մեջ առեք 56¢ ստանալու ճիշտ եղանակները և աստղիկով նշեք այն եղանակը, որտեղ ամենաքիչ մետաղադրամներն են օգտագործվել:
   a. 2 քսանհինգցենտանոց մետաղադրամ 6 պեննի:
   b. 5 տասցենտանոց, 1 հինգցենտանոց մետաղադրամ և 1 պեննի:
   c. 4 տասցենտանոց, 2 հինգցենտանոց մետաղադրամ և 1 պեննի:

8. Գրեք հնարավորինս ամենաքիչ մետաղադրամներով 56¢ ստանալու եղանակը:

ՄԻԱՎՈՐՆԵՐԻ ՊԱՏՄՈՒԹՅՈՒՆ   Դաս 10 Գնահատման թերթիկ   2•7

Անուն _____   Ամսաթիվ _____

1. Ստացեք 36 ցենտ երկու եղանակով։ Գրեք մետաղադրամների հնարավորինս նվազագույն քանակը ստորև աջ կողմում։

	Ամենաքիչ մետաղադրամները.

2. Ստացեք 74 ցենտ երկու եղանակով։ Գրեք մետաղադրամների հնարավորինս նվազագույն քանակը ստորև աջ կողմում։

	Ամենաքիչ մետաղադրամները.

Դաս 10.   Տվյալ գումարը ստանալու համար օգտագործեք մետաղադրամների նվազագույն քանակը։

ՄԻԱՎՈՐՆԵՐԻ ՊԱՏՄՈՒԹՅՈՒՆ | Դաս 11 Գործնական խնդիր

R (ուշադիր կարդացեք խնդիրը։)

Թրեյսին իր մանրադրամների պայուսակում ունի 85 ցենտ։ Նա ունի 4 մետաղադրամ։

a. Որո՞նք են այդ մետաղադրամները։

b. Ինչքա՞ն ավելի գումար կպահանջվի Թրեյսիից, եթե նա ցանկանա գնել ցատկոտելու գնդակ $1-ով։

D (նկար նկարեք։)

W (Գրեք և լուծեք հավասարումը։)

W (Գրեք իրադրությանը համապատասխան պնդում:)

a. _____

b. _____

Դաս 11. Օգտագործեք տարբեր եղանակներ՝ $1 ստանալու համար կամ $1-ի մանրադրամներ ստանալու համար:

Անուն ______________________________ Ամսաթիվ ______________

1. Հաշվեք սլաքների եղանակով՝ լրացնելով թվային արտահայտությունը: Այնուհետև մետաղադրամներով ցույց տվեք, որ ձեր պատասխանը ճիշտ է:

a. 45¢ + ________ = 100¢

$45 \xrightarrow{+5} ____ \xrightarrow{+___} 100$

b. 15¢ + ________ = 100¢

c. 57¢ + ________ =100¢

d. ________ + 71¢ = 100¢

2. Լուծեք՝ օգտագործելով սլաքների եղանակը և թվային զույգերը:

a. 79¢ + ________ = 100¢

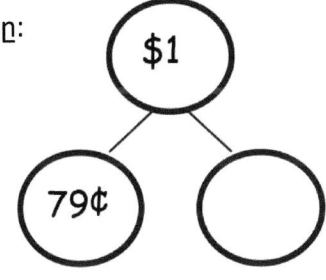

b. 64¢ + ________ = 100¢

c. 100¢ - 30¢ = ________

3. Լուծեք:

   a. _____ + 33¢ = 100¢

   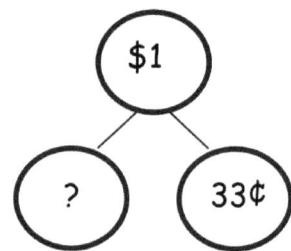

   b. 100¢ - 55¢ = _____

   c. 100¢ - 28¢ = _____

   d. 100¢ - 43¢ = _____

   e. 100¢ - 19¢ = _____

ՄԻԱՎՈՐՆԵՐԻ ՊԱՏՄՈՒԹՅՈՒՆ   Դաս 11 Գնահատման թերթիկ   2•7

Անուն _____   Ամսաթիվ _____

Լուծեք:

1. 100¢ - 46¢ = _____

2. _____ + 64¢ = 100¢

3. _____ + 13 ցենտ = 100 ցենտ

Դաս 11.   Օգտագործեք տարբեր եղանակներ՝ $1 ստանալու համար կամ $1-ի մանրադրամներ ստանալու համար:

R (ուշադիր կարդացեք խնդիրը:)

Ռիչին ունի 24 ցենտ: Եվս որքա՞ն գումար է նրան անհրաժեշտ, որպեսզի դառնա $1:

D (նկար նկարեք:)
W (Գրեք և լուծեք հավասարումը:)

Դաս 12. Լուծեք բառային խնդիրները՝ $1-ի մանրադրամ ստանալու տարբեր եղանակներ օգտագործելով:

W (Գրեք իրադրությանը համապատասխան պնդում։)

_____

_____

_____

Անուն ________________________ Ամսաթիվ ____________

Լուծեք՝ օգտագործելով սլաքների եղանակը, թվային զույգերը կամ ժապավենաձև դիագրամը:

1. Ջերեմին ունի 80 ցենտ: Եվս որքա՞ն գումար է նրան անհրաժեշտ, որպեսզի ունենա $1:

2. Աբին գնեց բանան 35 ցենտով: Նա գանձապահին տվեց $1: Ինչքա՞ն մանր նա ստացավ:

3. Ջոզեֆն իր դոլարից 75 ցենտը ծախսեց արկադային խաղի վրա: Ինչքա՞ն գումար մնաց նրա մոտ:

EUREKA MATH Դաս 12. Լուծեք բառային խնդիրները՝ $1-ի մանրադրամ ստանալու տարբեր եղանակներ օգտագործելով: 207

4. Նոթատետրը, որն ուզում է Էլիզը, արժե $1։ Նա ունի 4 տասցենտանոց և 3 հինգցենտանոց մետաղադրամ։ Եվս որքա՞ն գումար է նրան անհրաժեշտ՝ նոթատետրը գնելու համար։

5. Ուրբաթ օրը Դենը հավաքեց 26 ցենտ, իսկ երկուշաբթի օրը՝ 35 ցենտ։ Եվս որքա՞ն գումար է նրան անհրաժեշտ, որպեսզի հավաքի $1։

6. Դանիելն ուներ ուղիղ $1-ի մանրադրամ։ Նա կորցրեց 6 տասցենտանոց մետաղադրամ և 3 պեննի։ Ի՞նչ մետաղադրամներ կարող են նրա մոտ մնացած լինել։

Անուն ______________________________ Ամսաթիվ ______________

Լուծեք՝ օգտագործելով սլաքների եղանակը, թվային զույգերը կամ ժապավենաձև դիագրամը:

Հակոբը գնեց մեկ մաստակ 26 ցենտով և մեկ թերթ՝ 61 ցենտով: Նա գանձապահին տվեց $1: Ինչքա՞ն մանր նրան վերադարձրին:

R (ուշադիր կարդացեք խնդիրը։)

Դանթեն բանկայի մեջ մի քիչ փող ուներ։ Նա 8 հինգցենտանոց մետաղադրամ գցեց բանկայի մեջ։ Այժմ նա ուն 100 ցենտ։ Սկզբում ինչքա՞ն գումար կար բանկայի մեջ։

D (Նկար նկարեք։)
W (Գրեք և լուծեք հավասարումը։)

ՄԻԱՎՈՐՆԵՐԻ ՊԱՏՄՈՒԹՅՈՒՆ　　　Դաս 13 Գործնական խնդիր　2•7

W (Գրեք իրադրությանը համապատասխան պնդում:)

_____

_____

_____

Դաս 13.　Լուծեք երկու քայլանի բառային խնդիրներ՝ օգտագործելով դոլարներ կամ ցենտեր $100 կամ $1 ընդհանուր գումարով:

Անուն ______________________________ Ամսաթիվ ______________

Լուծեք՝ կազմելով ժապավենաձև դիագրամ և թվային արտահայտություն:

1. Ջոզեֆինան ունի 3 հինգցենտանոց, 4 տասցենտանոց մետաղադրամ և 12 պեննի: Նրա մայրը տալիս է նրան 1 մետաղադրամ: Այժմ Ջոզեֆինան ունի 92 ցենտ: Ի՞նչ մետաղադրամ տվեց նրան մայրը:

2. Քրիստոֆերն ունի 3 տասդոլարանոց, 3 հինգդոլարանոց և 12 մեկդոլարանոց թղթադրամ: Ջենին ունի $19 ավելի, քան Քրիստոֆերը: Ինչքա՞ն փող ունի Ջենին:

3. Եսային ուներ 2 քսանդոլարանոց, 4 տասդոլարանոց, 1 հինգդոլարանոց և 7 մեկդոլարանոց թղթադրամներ: Նա 73 դոլարը ծախսեց շորերի վրա: Ինչքա՞ն գումար մնաց նրա մոտ:

EUREKA MATH Դաս 13. Լուծեք երկու քայլանի բառային խնդիրներ՝ օգտագործելով դոլարներ կամ ցենտեր $100 կամ $1 ընդհանուր գումարով: 213

4. Ձեկին խանութից սվիտեր գնեց $42 դոլարով: Նրա մոտ մնաց 3 հինգդոլարանոց և 6 մեկդոլարանոց թղթադրամ: Ինչքա՞ն փող կար նրա մոտ՝ նախքան սվիտերը գնելը:

5. Ակիոն գրպանում գտավ 18 ցենտ: Նա մյուս գրպանում գտավ ևս 6 մետաղադրամ: Միասին կազմեց 73 ցենտ: Ի՞նչ 6 մետաղադրամներ նա գտավ իր մյուս գրպանում:

6. Մերին իր խոզուկ-դրամատուփի մեջ գտավ 98 ցենտ: Նա հաշվեց 1 քսանհինգցենտանոց մետաղադրամ, 8 պեննի, 3 տասցենտանոց և մի քանի հինգցենտանոց մետաղադրամներ: Ինչքա՞ն հինգցենտանոց մետաղադրամ նա հաշվեց:

ՄԻԱՎՈՐՆԵՐԻ ՊԱՏՄՈՒԹՅՈՒՆ

Դաս 13 Գնահատման թերթիկ 2•7

Անուն _____ Ամսաթիվ _____

Լուծեք՝ կազմելով ժապավենաձև դիագրամ և թվային արտահայտություն:

Գարին խանութ մտավ 4 տասդոլարանոց, 3 հինգդոլարանոց և 7 մեկդոլարանոց թղթադրամներով: Նա գնեց սվիտեր $26-ով: Ինչքա՞ն թղթադրամ մնաց նրա մոտ խանութից դուրս գալիս:

Դաս 13. Լուծեք երկու քայլանի բառային խնդիրներ՝ օգտագործելով դոլարներ կամ ցենտեր $100 կամ $1 ընդհանուր գումարով:

Ֆրենսիսը տեղափոխում է կահույքն իր ննջասենյակում։ Նա ցանկանում է գրապահարանը տեղափոխել իր մահճակալի և պատի միջև ընկած տարածքում, բայց վստահ չէ, որ այն կտեղավորվի։

Ի՞նչ կարող է օգտագործել Ֆրենսիսը որպես չափիչ գործիք, եթե քանոն չունի։ Ինչպե՞ս նա կարող է այն օգտագործել։

Ներկայացրեք ձեր միտքը՝ նկարներով, թվերով կամ բառերով։

ՄԻԱՎՈՐՆԵՐԻ ՊԱՏՄՈՒԹՅՈՒՆ   Դաս 14 Խնդիրներ   2•7

Անուն _____   Ամսաթիվ _____

1. Չափեք առարկաները ստորև մեկ դյույմանոց սալիկով: Գրանցեք չափումները տրված աղյուսակում:

Առարկա	Չափում
Մկրատ	
Մարկեր	
Մատիտ	
Ռետին	
Աշխատանքային թերթիկի երկարությունը	
Աշխատանքային թերթիկի լայնությունը	
Գրասեղանի երկարությունը	
Գրասեղանի լայնությունը	

Դաս 14. Կապեք չափումը ֆիզիկական միավորների հետ՝ օգտագործելով բազմակրկնությունը մեկ դյույմանոց սալիկներով:

2. Մարկն ու Մելիսան երկուսն էլ նույն մարկերը չափեցին մեկ դյույմանոց սալիկով, բայց տարբեր երկարություններ ստացան: Շրջանակի մեջ առեք այն աշակերտի չափումը, որը ճիշտ է, և բացատրեք, թե ինչու եք ընտրել այդ չափումը:

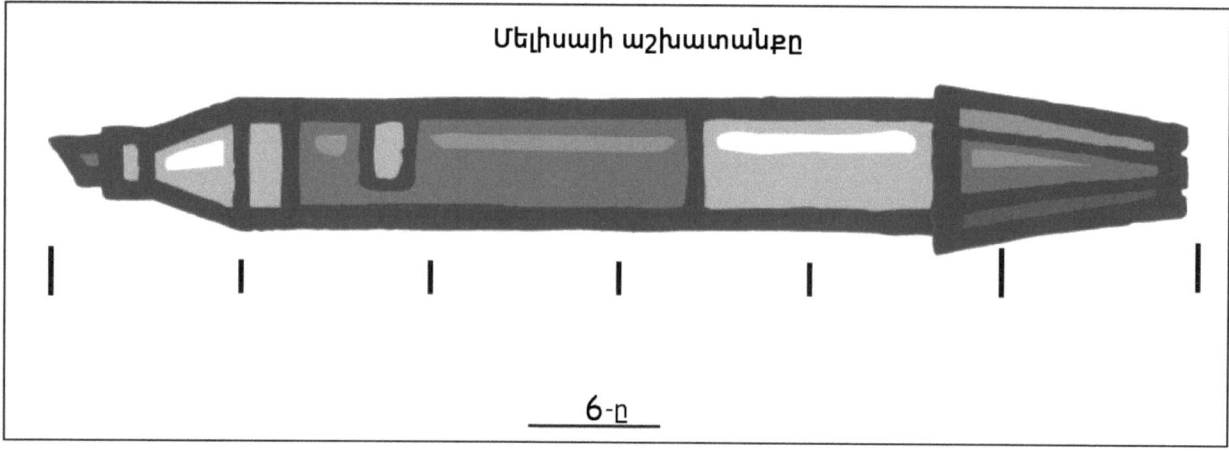

Մելիսայի աշխատանքը

6-ը

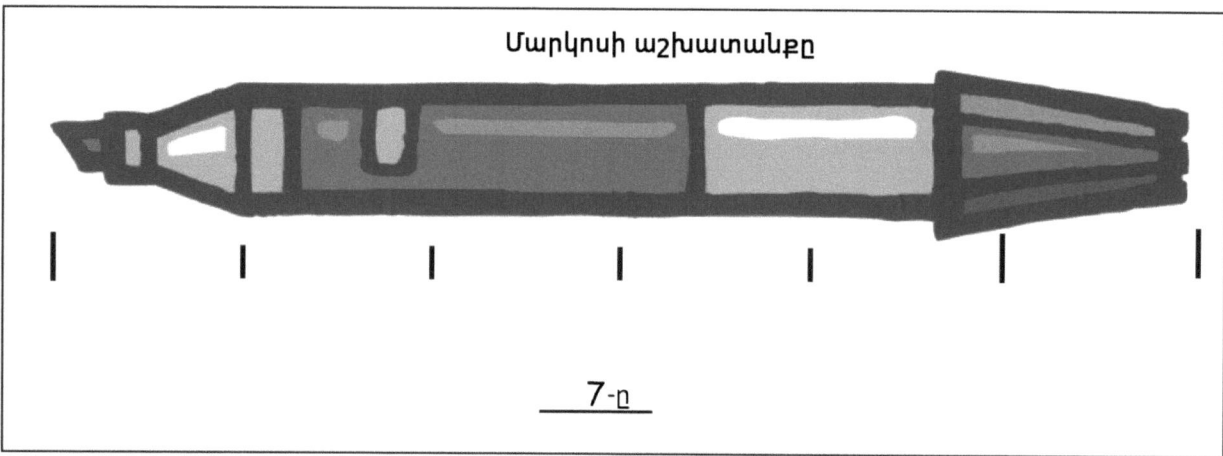

Մարկոսի աշխատանքը

7-ը

Բացատրություն.

____

____

____

ՄԻԱՎՈՐՆԵՐԻ ՊԱՏՄՈՒԹՅՈՒՆ

Դաս 14Գնահատման թերթիկ 2•7

Անուն _____ Ամսաթիվ _____

Ստորև գծերը չափեք մեկ դյույմանոց սալիկով:

A ուղիղ _____

  A ուղիղը մոտավորապես _____ դյույմ է:

B ուղիղ _____

  B ուղիղը մոտավորապես _____ դյույմ է:

C ուղիղ_____

  C ուղիղը մոտավորապես _____ դյույմ է:

Դաս 14.   Կապեք չափումը ֆիզիկական միավորների հետ՝ օգտագործելով
բազմակրկնությունը մեկ դյույմանոց սալիկներով:

221

R (ուշադիր կարդացեք խնդիրը։)

Էդվինն ու Թինան ունեն նույն խաղալիք բեռնատարից։ Էդվինն ասում է, որ իր բեռնատարը 4 ատամի չոփի երկարությունն ունի։ Թինան ասում է, որ իր բեռնատարը 12 լուսնաձև լոբու երկարությունն ունի։ Նրանք կարո՞ղ են երկուսն էլ ճիշտ լինել։

Բացատրեք, թե ինչպես կարող են Էդվինն ու Թինան երկուսն էլ ճիշտ լինել՝ օգտագործելով բառեր կամ նկարներ։

D (Նկար նկարեք։)
W (Գրեք և լուծեք հավասարումը։)

ՄԻԱՎՈՐՆԵՐԻ ՊԱՏՄՈՒԹՅՈՒՆ Դաս 15 Գործնական խնդիր 2•7

W (Գրեք պատմությանը համապատասխան պնդում:)

___

___

___

224 Դաս 15. Կիրառեք հայեցակարգեր՝ դյույմանոց քանոն ստեղծելու համար, չափեք երկարությունները՝ օգտագործելով դյույմանոց քանոններ:

Անուն ______________________________ Ամսաթիվ ______________

Օգտագործեք քանոն՝ ստորև ներկայացված առարկաների երկարությունը: Քանոնի օգնությամբ մի գիծ գծեք, որը նույն երկարությունը կունենա, ինչ առարկաները դյույմերով չափելու համար:

1. a. Մատիտը __________ դյույմ է:
   b. Գիծ գծեք, որը նույն երկարությունը կունենա, ինչ մատիտը:

2. a. Ռետինը __________ դյույմ է:
   b. Գիծ գծեք, որը նույն երկարությունը կունենա, ինչ ռետինը:

3. a. Յուղամատիտը __________ դյույմ է:
   b. Գիծ գծեք, որը նույն երկարությունը կունենա, ինչ յուղամատիտը:

4. a. Մարկերը __________ դյույմ է:
   b. Գիծ գծեք, որը նույն երկարությունը կունենա, ինչ մարկերը:

5. a. Ո՞րն է ձեր չափած ամենաերկար առարկան: ____________________
   b. Ինչքա՞ն երկարություն ունի ամենաերկար առարկան: ____________________ դյույմ
   c. Ինչքա՞ն երկարություն ունի ամենակարճ առարկան: ____________________ դյույմ
   d. Ինչքա՞ն է ամենաերկար և ամենակարճ առարկաների երկարությունների տարբերու-թյունը: ____________________ դյույմ
   e. Գիծ գծեք, որը նույն երկարությունը կունենա, ինչ (d) վարժության մեջ տեղ գտած առարկաները:

EUREKA MATH Դաս 15. Կիրառեք հայեցակարգեր՝ դյույմանոց քանոն ստեղծելու համար, չափեք երկարություններն՝ օգտագործելով դյույմանոց քանոններ: 225

6. Չափեք և նշեք եռանկյունու յուրաքանչյուր կողմի երկարությունն՝ օգտագործելով ձեր քանոնը։

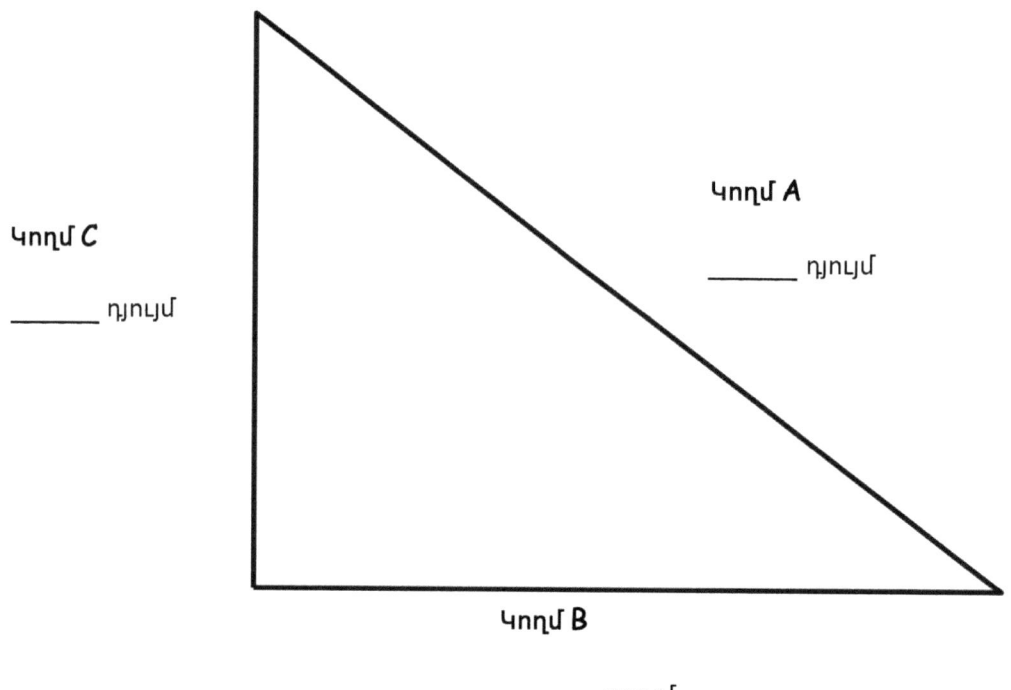

Կողմ C
_____ դյույմ

Կողմ A
_____ դյույմ

Կողմ B
_____ դյույմ

a. Ո՞ր կողմն է ամենակարճը։ Կողմ A   Կողմ B   Կողմ C

b. Ի՞նչ երկարություն ունի A կողմը։ _____ դյույմ

c. Որքա՞ն է C և B կողմերի երկարությունը միասին։ _____ դյույմ

d. Ինչքա՞ն է ամենաերկար և ամենակարճ կողմերի երկարությունների տարբերությունը։ _____ դյույմ

7. Լուծեք։
   a. _____ դյույմ = 1 ֆուտ

   b. 5 դյույմ + _____ դյույմ = 1 ֆուտ

   c. _____ դյույմ + 4 դյույմ = 1 ֆուտ

Անուն ______________________________ Ամսաթիվ ______________

Չափեք և նշեք ստորև ներկայացված պատկերի կողմերը:

Կողմն A-ն ______ դյույմ է:

Կողմն B-ն

______ դյույմ է:

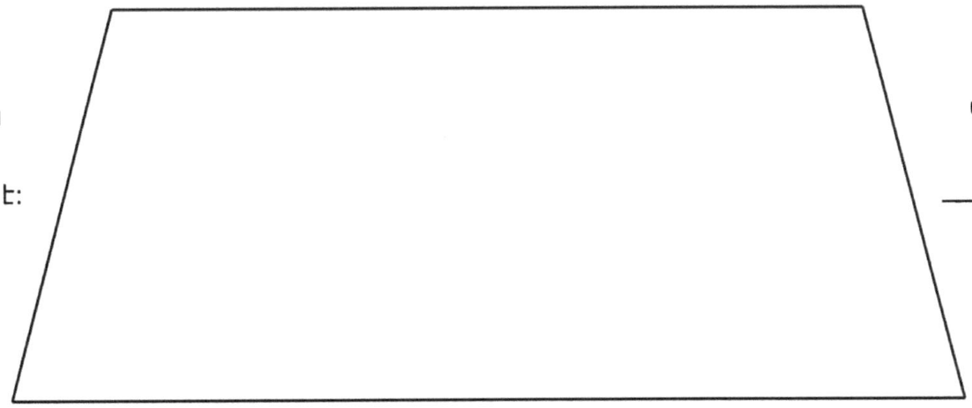

Կողմն C-ն

______ դյույմ է:

Կողմն D-ն ______ դյույմ է:

Որքա՞ն կլինի B և C կողմերի երկարությունների գումարը: __________ դյույմ

Դաս 15. Կիրառեք հայեցակարգեր՝ դյույմանոց քանոն ստեղծելու համար, չափեք երկարությունները՝ օգտագործելով դյույմանոց քանոններ:

227

ՄԻԱՎՈՐՆԵՐԻ ՊԱՏՄՈՒԹՅՈՒՆ Դաս 16 Գրանցման թերթիկ 2•7

Կետ 1. Չափեք և համեմատեք սրունքի երկարությունները

Ընտրեք չափման միավոր՝ ձեր խմբի բոլորի անդամների սրունքները չափելու համար: Չափեք ոտնաթաթի վերևի մասից մինչև ծնկի ստորին մասը:

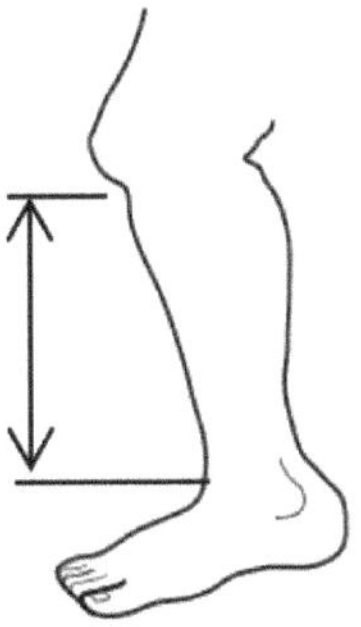

Ես նախընտրում եմ չափել՝ օգտագործելով ____________________:
Գրանցեք արդյունքները ստորև աղյուսակում: Ներառեք միավորները:

Անուն	Սրունքի երկարությունը

Որքա՞ն է ամենաերկար և ամենակարճ սրունքների երկարությունների տարբերությունը: Գրեք թվային արտահայտություն և պնդում՝ ցույց տալով երկու երկարությունների միջև տարբերությունը:

Կետ 2. Համեմատեք երկարությունները չափաձողով

Յուրաքանչյուր առարկայի համար նշեք ձեր գնահատականը՝ օգտագործելով *«ավելի երկար քան»*, *«ավելի կարճ քան»*, *կամ «նույն երկարության, ինչ»* արտահայտությունները: Այնուհետև չափեք բոլոր առարկաները չափաձողով և գրանցեք չափումն աղյուսակում:

1. Գրքի երկարությունը ____________________ չափաձող է:
2. Դռան բարձրությունը ____________________ չափաձող է:
3. Աշակերտական սեղանի երկարությունը ____________________ չափաձող է:

Առարկա	Չափում
Գրքի երկարությունը	
Դռան բարձրությունը	
Աշակերտական սեղանի երկարությունը	

Ինչքա՞ն է 4 աշակերտական սեղանի երկարությունը, եթե դրանք իրար միացնենք՝ առանց դրանց միջև արանքներ թողնելու: Լուծեք խնդիրը ԿՆԳ (Կարդալ-Նկարել-Գրել) եղանակով այս թերթիկի հակառակ կողմում:

EUREKA MATH Դաս 16. Չափեք տարբեր առարկաներ՝ օգտագործելով դյույմանոց քանոններ և չափաձողեր: 229

Կետ 3. Ընտրեք առարկաների չափման միավորները

Դասարանում գտնվող 4 առարկայի անուն նշեք: Շրջանակի մեջ առեք այն միավորը, որն օգտագործելու եք յուրաքանչյուր առարկայի չափման համար և գրանցեք չափումն աղյուսակում:

Առարկա	Առարկայի երկարությունը
	դյույմ/ֆուտ/յարդ
	դյույմ/ֆուտ/յարդ
	դյույմ/ֆուտ/յարդ
	դյույմ/ֆուտ/յարդ

Բիլին չափում է իր մատիտը: Նա իր ուսուցչին ասում է, որ այն 7 ֆուտ երկարություն ունի: Այս թերթիկի հետևի կողմում բացատրեք, թե ինչպես իմացաք, որ Բիլին սխալվում է և ինչպես կարող է նա իր պատասխանն ուղղել:

Կետ 4. Գտեք չափման միավորները

Նայեք սենյակի շուրջբոլորը՝ յուրաքանչյուր չափման միավորի երկարության համար գտնելու 2 կամ 3 առարկա: Գրեք առարկաներն աղյուսակում և գրանցեք ճիշտ երկարությունը:

Մոտավորապես մեկ դյույմ երկարություն ունեցող **առարկաներ**	Մոտավորապես մեկ ֆուտ երկարություն ունեցող **առարկաներ**	Մոտավորապես մեկ յարդ երկարություն ունեցող **առարկաներ**
1. ______ դյույմ	1. ______ դյույմ	1. ______ դյույմ
2. ______ դյույմ	2. ______ դյույմ	2. ______ դյույմ
3. ______ դյույմ	3. ______ դյույմ	3. ______ դյույմ

Կետ 5. Ընտրեք չափման գործիք

Շրջանակի մեջ առեք գործիքը, որն օգտագործելու եք յուրաքանչյուր առարկայի չափման համար: Այնուհետև չափեք և գրանցեք երկարությունն աղյուսակում: Շրջանակի մեջ առեք միավորը:

Առարկա	Չափման գործիք	Չափում
Գորգի երկարությունը	12-դյույմանոց քանոն / չափաձող	_______ դյույմ/ֆուտ
Դասագիրք	12-դյույմանոց քանոն / չափաձող	_______ դյույմ/ֆուտ
Մատիտ	12-դյույմանոց քանոն / չափաձող	_______ դյույմ/ֆուտ
Գրատախտակի երկարությունը	12-դյույմանոց քանոն / չափաձող	_______ դյույմ/ֆուտ
Վարդագույն ռետին	12-դյույմանոց քանոն / չափաձող	_______ դյույմ/ֆուտ

Սերայի ցատկապարանը 6 տետրի երկարությունն ունի: Այս թղթի հակառակ կողմում ժապավենաձև դիագրամ պատկերեք՝ ցույց տալու համար Սերայի ցատկապարանի երկարությունը: Այնուհետև գրեք կրկնվող գումարման արտահայտություն՝ օգտագործելով աղյուսակում նշված տետրի երկարությունը, որպեսզի գտնեք Սերայի ցատկապարանի երկարությունը:

Անուն _____   Ամսաթիվ _____

Շրջանակի մեջ առեք միավորը, որով ավելի հեշտ կլինի չափել յուրաքանչյուր առարկան:

Մարկեր	դյույմ / ֆուտ / յարդ
Ավտոմեքենայի բարձրությունը	դյույմ / ֆուտ / յարդ
Ծննդյան օրվա բացիկ	դյույմ / ֆուտ / յարդ
Ֆուտբոլի դաշտ	դյույմ / ֆուտ / յարդ
Համակարգչի էկրանի երկարությունը	դյույմ / ֆուտ / յարդ
Երկհարկանի մահճակալի բարձրությունը	դյույմ / ֆուտ / յարդ

Դաս 16.   Չափեք տարբեր առարկաներ՝ օգտագործելով դյույմանոց քանոններ և չափածրեր:

ՄԻԱՎՈՐՆԵՐԻ ՊԱՏՄՈՒԹՅՈՒՆ   Դաս17 Գործնական խնդիր   2•7

R (ուշադիր կարդացեք խնդիրը:)

Բենջամինը չափում է իր նախաբազուկը և գրանցում երկարությունը՝ 15 դյույմ: Այնուհետև նա չափում է իր բազկի վերևի հատվածը և տեսնում է, որ այն նույն երկարությունն ունի:

a. Ի՞նչ երկարություն ունի Բենջամինի բազկի մեկ հատվածը:

b. Ի՞նչ երկարություն ունեն Բենջամինի բազուկների հատվածները միասին:

D (նկար նկարեք:)

W (Գրեք և լուծեք հավասարումը:)

ՄԻԱՎՈՐՆԵՐԻ ՊԱՏՄՈՒԹՅՈՒՆ

Դաս17 Գործնական խնդիր 2•7

W (Գրեք իրադրությանը համապատասխան պնդում):

a.

b.

Դաս17. Մշակեք գնահատման ռազմավարություններ՝ կիրառելով երկարության նախնական գիտելիքներ և օգտագործելով մտավոր հենանիշներ:

Անուն ______________________________ Ամսաթիվ ________________

Գնահատեք յուրաքանչյուր առարկայի երկարությունը մտավոր կողմնորոշիչով: Այնուհետև չափեք առարկան՝ օգտագործելով չափման միավորներ՝ ֆուտ, դյույմ կամ յարդ:

Առարկա	Մտավոր կողմնորոշիչ	Գնահատում	Իրական երկարություն
a. Դռան լայնությունը			
b. Սպիտակ կամ շագանակագույն գրատախտակի լայնությունը			
c. Գրասեղանի բարձրությունը			
d. Գրասեղանի երկարությունը			
e. Ընթերցանության գրքի երկարությունը			

Դաս 17. Մշակեք գնահատման ռազմավարություններ՝ կիրառելով երկարության նախնական գիտելիքներ և օգտագործելով մտավոր հենանիշներ: 237

Առարկա	Մտավոր կողմնորոշիչ	Գնահատում	Իրական երկարություն
f. Յուղամատիտի երկարությունը			
g. Սենյակի երկարությունը			
h. Մկրատի երկարությունը			
i. Պատուհանի երկարությունը			

238 Դաս 17. Մշակեք գնահատման ռազմավարություններ՝ կիրառելով երկարության նախնական գիտելիքներ և օգտագործելով մտավոր հենանիշներ:

EUREKA MATH

ՄԻԱՎՈՐՆԵՐԻ ՊԱՏՄՈՒԹՅՈՒՆ

Դաս 17Գնահատման թերթիկ 2•7

Անուն _____ Ամսաթիվ _____

Գնահատեք յուրաքանչյուր առարկայի երկարությունը մտավոր կողմնորոշիչով։ Այնուհետև չափեք առարկան՝ օգտագործելով չափման միավորներ՝ ֆուտ, դյույմ կամ յարդ։

Առարկա	Մտավոր կողմնորոշիչ	Գնահատում	Իրական երկարություն
a. Ռետինի երկարությունը			
b. Այս թղթի լայնությունը			

Դաս 17. Մշակեք գնահատման ռազմավարություններ՝ կիրառելով երկարության նախնական գիտելիքներ և օգտագործելով մտավոր հենանիշներ։

Էզրան իր ննջասենյակում չափում է առարկաները: Նա կարծում է, որ իր մահճակալը մոտավորապես 2 յարդ երկարություն ունի: Սա ողջամի՞տ գնահատական է: Բացատրեք ձեր պատասխանը՝ օգտագործելով բառեր, նկարներ կամ թվեր:

ՄԻԱՎՈՐՆԵՐԻ ՊԱՏՄՈՒԹՅՈՒՆ Դաս 18 Խնդիրներ 2•7

Անուն _____ Ամսաթիվ _____

Չափեք գծերը դյույմերով և սանտիմետրերով: Կլորացրեք չափումները մինչև ամենամոտ դյույմը կամ սանտիմետրը:

1. _____

   _____ սմ   _____ դյույմ

2. _____

   _____ սմ   _____ դյույմ

3. _____

   _____ սմ   _____ դյույմ

4. _____

   _____ սմ   _____ դյույմ

5. a. Վերևում նշված գծերը չափելիս դո՞ւք ավելի շատ դյույմերով չափեցի՞ք, թե՞ սանտիմետրերով:

   _____

   b. Նախադասությամբ բացատրեք, թե ինչու եք ավելի շատ օգտագործել այդ միավորը:

   _____

   _____

Դաս 18.   Չափեք առարկան երկու անգամ՝ օգտագործելով տարբեր չափման միավորներ և համեմատեք, համեմատեք չափումը միավորի չափի հետ:

6. Գծեր գծեք ստորև բերված չափումներով։

   a. 3 սանտիմետր երկարությամբ

   b. 3 դյույմ երկարությամբ

7. Թոմասը և Քրիսը երկուսով չափեցին ստորև բերված յուղամատիտը, բայց տարբեր պատասխաններ ստացան։ Բացատրեք, թե ինչու են երկու պատասխանները ճիշտ։

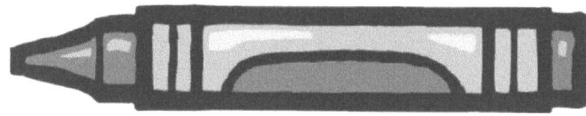

Թոմաս՝ __8__ սմ

Քրիս՝ __3__ դյույմ

Բացատրություն՝ _____

_____

_____

ՄԻԱՎՈՐՆԵՐԻ ՊԱՏՄՈՒԹՅՈՒՆ   Դաս 18 Ստուգողական աշխատանք   2•7

Անուն _____   Ամսաթիվ _____

Չափեք գծերը դյույմերով և սանտիմետրերով: Կլորացրեք չափումները մինչև ամենամոտ դյույմը կամ սանտիմետրը:

1. _____

    _____ սմ   _____ դյույմ

2. _____

    _____ սմ   _____ դյույմ

Դաս 18. Չափեք առարկան երկու անգամ օգտագործելով տարբեր չափման միավորներ և համեմատեք, համեմատեք չափումը միավորի չափի հետ:

245

ՄԻԱՎՈՐՆԵՐԻ ՊԱՏՄՈՒԹՅՈՒՆ   Դաս 19 Գործնական խնդիր   2•7

R (ուշադիր կարդացեք խնդիրը:)

Կատյան կախում է դեկորատիվ լույսեր: Լույսերի ստանդարտ երկարությունը 46 ֆուտ է: Շենքի պատի երկարությունը 84 ֆուտ է: Քանի՞ ֆուտ լույսեր պետք է Կատյան գնի, որպեսզի դրանք հավասարվեն պատի երկարությանը:

D (նկար նկարեք:)

W (Գրեք և լուծեք հավասարումը:)

ՄԻԱՎՈՐՆԵՐԻ ՊԱՏՄՈՒԹՅՈՒՆ   Դաս 19 Գործնական խնդիր   2•7

W (Գրեք իրադրությանը համապատասխան պնդում։)

_____

_____

_____

ՄԻԱՎՈՐՆԵՐԻ ՊԱՏՄՈՒԹՅՈՒՆ   Դաս 19 Խնդիրներ   2•7

Անուն _____ Ամսաթիվ _____

Չափեք ուղիղները դյույմերով և գրեք երկարությունը գծի վրա։ Լրացրեք համեմատության արտահայտությունը։

1. A ուղիղ _____

   B ուղիղ _____

   A ուղիղը մոտավորապես _____ դյույմ է։   B ուղիղը մոտավորապես _____ դյույմ է։

   A ուղիղը մոտավորապես _____ դյույմ **ավելի երկար է,** քան B ուղիղը։

2. C ուղիղ   _____

   D ուղիղ _____

   C ուղիղը մոտավորապես _____ դյույմ է։ D ուղիղը մոտավորապես _____ դյույմ է։

   C ուղիղը մոտավորապես _____ դյույմ **ավելի կարճ է,** քան D ուղիղը։

Դաս 19.   Չափեք՝ համեմատելու համար երկարությունների տարբերությունները՝ օգտագործելով դյույմեր, ֆուտեր և յարդեր։

249

3. Լուծեք հետևյալ խնդիրները:

a. 32 ֆուտ + ________ = 87 ֆուտ

b. 68 ֆուտ - 29 ֆուտ = ________

c. ________ - 43 ֆուտ = 18 ֆուտ

4. Թեմին և Մարթան երկուսն էլ ցանկապատեր էին կառուցում իրենց առանձնատների շուրջ: Թեմիի ցանկապատը 54 յարդ երկարություն ունի: Մարթայի ցանկապատը 29 յարդով ավելի երկար է, քան Թեմիինը:

Թեմիի'ցանկապատը	Մարթայի 'ցանկապատը
54 յարդ	________ յարդ

a. Ինչքա՞ն է Մարթայի ցանկապատի երկարությունը: ____________ յարդ

b. Ինչքա՞ն է երկու ցանկապատների ընդհանուր երկարությունը: ____________ յարդ

Անուն ______________________________ Ամսաթիվ ________________

Չափեք ուղիղները դյույմերով և գրեք երկարությունը գծի վրա: Լրացրեք համեմատության արտահայտությունը:

A ուղիղ ____

B ուղիղ ____

A ուղիղը մոտավորապես ______ դյույմ է: B ուղիղը մոտավորապես ______ դյույմ է:

A ուղիղը մոտավորապես ______ դյույմ **ավելի երկար է/ավելի կարճ է,** քան B ուղիղը:

Դաս 19. Չափեք՝ համեմատելու համար երկարությունների տարբերությունները՝ օգտագործելով դյույմեր, ֆուտեր և յարդեր:

251

Անուն _____   Ամսաթիվ _____

Լուծեք՝ ժապավենաձև դիագրամների օգնությամբ: Օգտագործեք անհայտի նշանը:

1. Պարոն Ռամոսը գործել է շարֆի 19 դյույմը: Նա ցանկանում է, որպեսզի շարֆի երկարությունը լինի 1 յարդ: Քանի՞ դյույմ նա դեռ պետք է գործի:

2. 100-յարդանոց մրցավազքում Ջեկին վազել է 76 յարդ: Քանի՞ յարդ նա դեռ պետք է վազի:

3. Ֆրենկին ունի 64 դյույմանոց պարանի կտոր և ևս մեկ կտոր, որը 18 դյույմով կարճ է առաջինից: Ինչքա՞ն է երկու պարանների ընդհանուր երկարությունը:

4. Մարիան ուներ 96 դյույմ ժապավեն: Նա փոքր նվեր փաթեթավորելու համար օգտագործեց 36 դյույմ, իսկ ավելի մեծ նվերի համար պահանջվեց 48 դյույմ:: Ինչքա՞ն ժապավեն մնաց նրա մոտ:

5. Եռանկյան բոլոր երեք կողմերի ընդհանուր երկարությունը 96 ֆուտ է: Եռանկյան երկու կողմերն իրար հավասար են: Հավասար կողմերից մեկը 40 ֆուտ է: Ինչքա՞ն է այն կողմի երկարությունը, որը հավասար չէ:

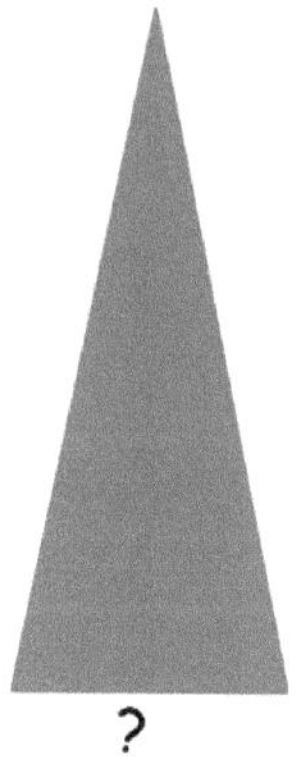

6. Քառակուսու մեկ կողմի երկարությունը 4 յարդ է: Ինչքա՞ն է քառակուսու բոլոր չորս կողմերի ընդհանուր երկարությունը:

EUREKA MATH

ՄԻԱՎՈՐՆԵՐԻ ՊԱՏՄՈՒԹՅՈՒՆ

Անուն _____ Ամսաթիվ _____

Լուծեք ժապավենաձև դիագրամի օգնությամբ։ Օգտագործեք անհայտի նշանը։

Ժասմինն ունի 84 դյույմ երկարություն ունեցող ցատկապարան։ Մերիինը 13 դյույմով ավելի կարճ է Ժասմինի ցատկապարանից։ Ինչքա՞ն է Մերիի ցատկապարանի երկարությունը։

R (ուշադիր կարդացեք խնդիրը:)

«Mega Mountain ամերիկյան բլրակներ» ատրակցիոնը նստելու համար նստողները պետք է ունենան նվազագույնը 44 դյույմ հասակ: Կարոլինն ունի 57 դյույմ հասակ: Նա 18 դյույմով ավելի բարձրահասակ է Էդիսոնից: Ինչքա՞ն է Էդիսոնի հասակը: Ինչքա՞ն դյույմ պետք է Էդիսոնի հասակն ավելանա, որպեսզի նա նստի ամերիկյան բլրակներ:

D (նկար նկարեք:)
W (Գրեք և լուծեք հավասարումը:)

W (Գրեք իրադրությանը համապատասխան պնդում:)

_____

_____

_____

Անուն ________________________ Ամսաթիվ ________________

Գտեք տառով նշված կետից մետրի յուրաքանչյուր հատվածի երկարությունը: Թվային ուղիղի վրա մեկ միավորը մեկ բաժանարար գծիկից մինչև մյուսն ընկած տարածությունն է:

1.

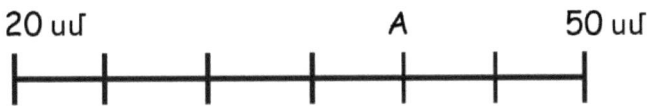

Յուրաքանչյուր միավորի երկարությունը __________ սանտիմետր է:

A = ____________

2.

Յուրաքանչյուր միավորի երկարությունը __________ սանտիմետր է:

B = ____________

3.

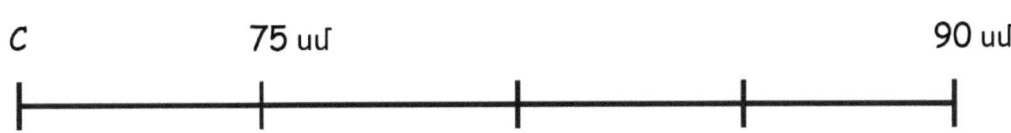

Մետրի յուրաքանչյուր միավորի երկարությունը __________ սանտիմետր է:

C = ____________

4. Թվային ուղիղի վրա յուրաքանչյուր բաժանարար գիծ 5-ով ավելացնում է։

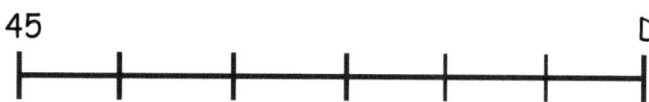

D = _____

Ինչքա՞ն է երկու վերջնակետերի միջև տարբերությունը՝ _____։

5. Թվային ուղիղի վրա յուրաքանչյուր բաժանարար գիծ 10-ով ավելացնում է։

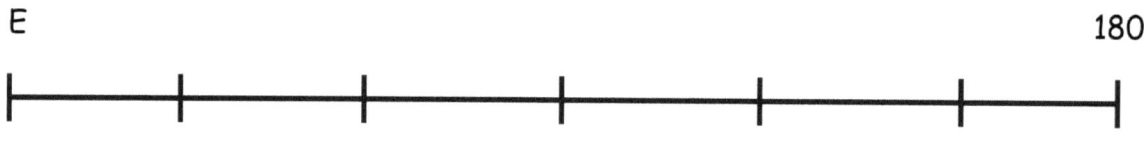

E = _____

Ինչքա՞ն է երկու վերջնակետերի միջև տարբերությունը՝ _____։

6. Թվային ուղիղի վրա յուրաքանչյուր բաժանարար գիծ 10-ով ավելացնում է։

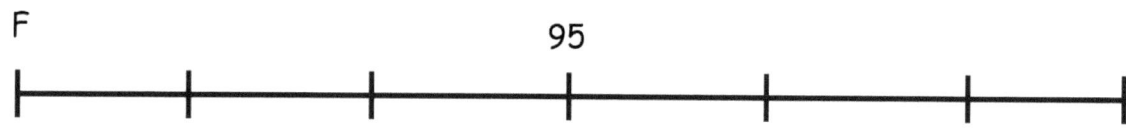

F = _____

Ինչքա՞ն է երկու վերջնակետերի միջև տարբերությունը՝ _____։

Անուն _____ Ամսաթիվ _____

Գտեք յուրաքանչյուր թվային ուղիղի վրա տառով նշված կետի երկարությունը:

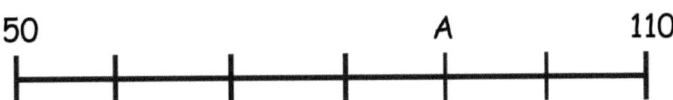

1. Յուրաքանչյուր միավորի երկարությունը _____ սանտիմետր է:

   A = _____

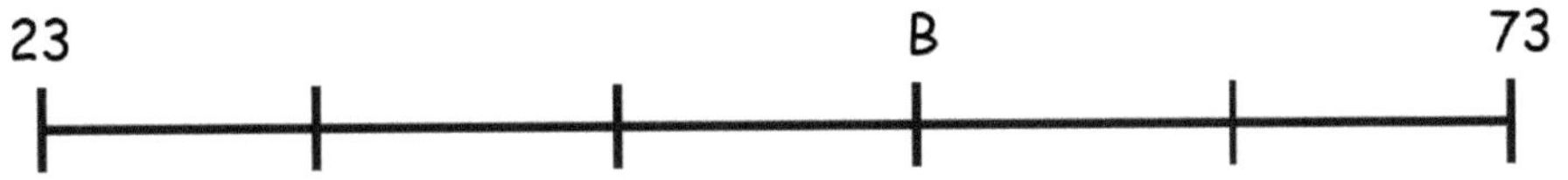

2. Ինչքա՞ն է երկու վերջնակետերի միջև տարբերությունը: _____ .

   B = _____

ՄԻԱՎՈՐՆԵՐԻ ՊԱՏՄՈՒԹՅՈՒՆ   Դաս 22 Գործնական խնդիր   2•7

R (ուշադիր կարդացեք խնդիրը:)

Լիզան, Սեսիլիան և Դիլանը ֆուտբոլ են խաղում: Լիզան և Սեսիլիան իրարից 120 մետր հեռավորության վրա են: Դիլանը գտնվում է նրանց միջև: Եթե Դիլանը երկու աղջիկներից նույն հեռավորության վրա է կանգնած, քանի՞ ֆուտ է Դիլանը հեռու Լիզայից:

D (նկար նկարեք:)
W (Գրեք և լուծեք հավասարումը:)

Դաս 22.   Ներկայացրեք երկնիշ թվերով գումարն և տարբերությունը՝ ներառելով երկարության հասկացությունը, օգտագործեք քանոնը որպես թվային ուղիղ:

W (Գրեք իրադրությանը համապատասխան պնդում:)

_____

_____

_____

Անուն ______________________________ Ամսաթիվ ________________

1. Երկու թվային ուղիղների վրա յուրաքանչյուր միավորի երկարությունը 10 սանտիմետր է: (Նշում. Թվային ուղիղները գծված չեն ըստ մասշտաբի:)

   a. Թվային ուղիղի վրա ցույց տվեք 65 սանտիմետրից 30 սանտիմետրով ավելի կետը:

b. Թվային ուղիղի վրա ցույց տվեք 75 սանտիմետրից 20 սանտիմետրով ավելի կետը:

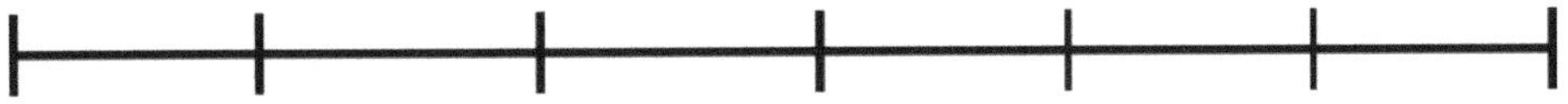

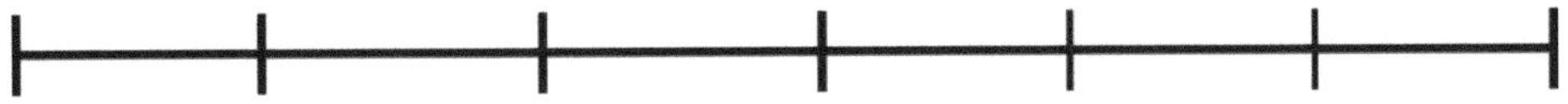

c. Գրեք գումարման արտահայտություն՝ յուրաքանչյուր թվային ուղիղին համապատասխան:

2. Երկու թվային ուղիղների վրա յուրաքանչյուր միավորի երկարությունը 5 յարդ է:

   a. Հետևյալ թվային ուղիղի վրա ցույց տվեք 90 յարդից 25 յարդ պակաս կետը:

b. Թվային ուղիղի վրա ցույց տվեք 100 յարդից 35 յարդ պակաս կետը:

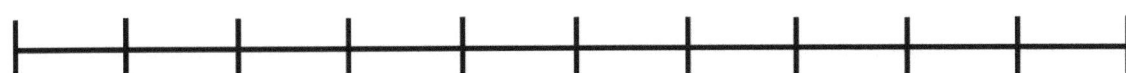

c. Գրեք հանման արտահայտություն՝ յուրաքանչյուր թվային ուղիղին համապատասխան:

3. Վինսենթի մետրը կտրվեց 68 սանտիմետրից: Պտուտակահանի երկարությունը չափելու համար նա գրեց. «81 սմ - 68 սմ»: Ալիսիան ասաց, որ ավելի հեշտ կլինի հաշվել, եթե պտուտակահանը տեղափոխեն 2 սանտիմետրով: Գրեք Ալիսիայի հանման արտահայտությունը: Բացատրեք, թե ինչու է նա ճիշտ:

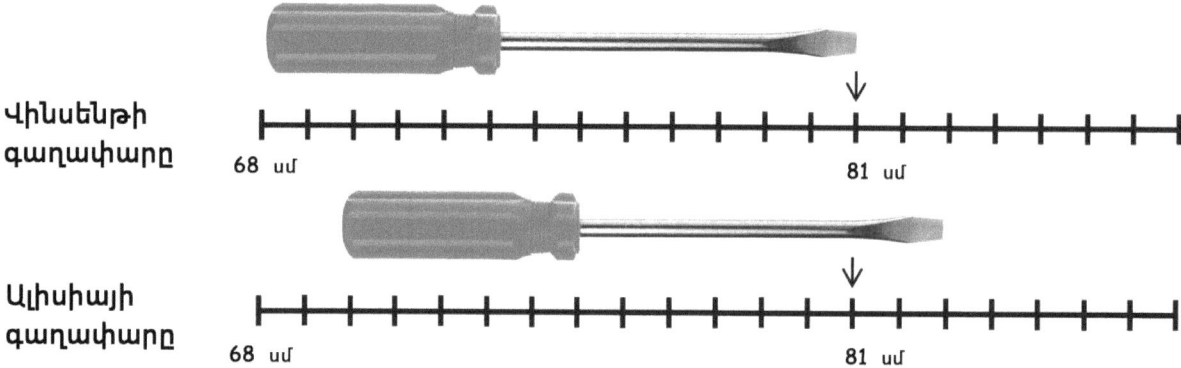

4. Մեծ ֆլեյտայի երկարությունը 71 սանտիմետր է, իսկ փոքր ֆլեյտայինը՝ 29 սանտիմետր: Ինչքա՞ն է դրանց երկարությունների տարբերությունը:

5. Ինգրիդը չափաձողով չափեց իր փաթաթվող օձի կաշին և պարզեց, որ այն 28 դյույմ երկարություն ունի, բայց չափումը զրոյից չսկսեց: Որո՞նք կարող են լինել օձի կաշվի երկարության վերջնակետերը չափաձողի վրա: Գրեք հանման արտահայտություն՝ ձեր մտքին համապատասխան:

Անուն ____________________ Ամսաթիվ ____________

Երկու թվային ուղիղների վրա յուրաքանչյուր միավորի երկարությունը 20 սանտիմետր է: (Նշում. Թվային ուղիղները գծված չեն ըստ մասշտաբի:)

1. Թվային ուղիղի վրա ցույց տվեք 25 սանտիմետրից 25 սանտիմետրով ավելի կետը:

2. Թվային ուղիղի վրա ցույց տվեք 45 սանտիմետրից 40 սանտիմետրով պակաս կետը:

3. Գրեք գումարման կամ հանման արտահայտություն՝ յուրաքանչյուր թվային ուղիղին համապատասխան:

A թվային ուղիղ

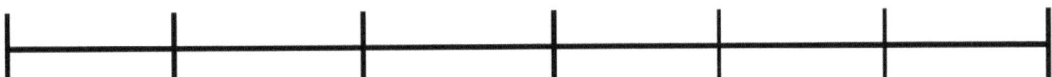

B թվային ուղիղ

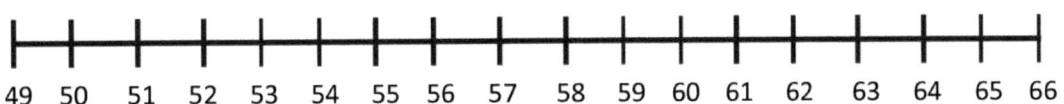

A և B թվային ուղիղներ

Դաս 22. Ներկայացրեք երկնիշ թվերով գումարն և տարբերությունը՝ ներառելով երկարության հասկացությունը, օգտագործեք քանոնը որպես թվային ուղիղ:

ՄԻԱՎՈՐՆԵՐԻ ՊԱՏՄՈՒԹՅՈՒՆ Դաս 23 Գրանցման թերթիկ 2•7

Անուն _____ Ամսաթիվ _____

1. Հավաքեք և գրանցեք խմբային տվյալները։

   Գրեք ձեր ուսուցչի թիզի (ճկույթից մինչև բթամատն ընկած հատվածը) երկարությունն այստեղ՝ _____

   Չափեք ձեր ձեռքի ափի երկարությունը և գրանցեք այստեղ՝ _____

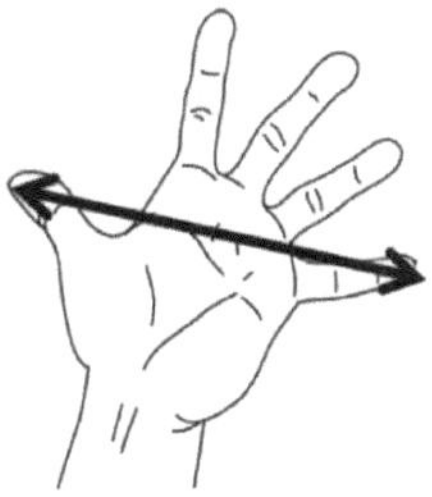

   Չափեք ձեր խմբի այլ անդամների ձեռքի ափի երկարությունը և գրանցեք այստեղ։ Վաղը մենք այս տվյալները կօգտագործենք։

Անուն.	Թիզ (ճկույթից մինչև բթամատն ընկած հատվածը).
_____	_____
_____	_____
_____	_____
_____	_____
_____	_____

Թիզ	Մարդկանց քանակի գծիկով նշումներ
3 դյույմ	
4 դյույմ	
5 դյույմ	
6 դյույմ	
7 դյույմ	
8 դյույմ	

   Ո՞րն է ամենատարածված ձեռքի ափի երկարությունը: _____
   Ո՞րն է ամենաքիչ տարածված ձեռքի ափի երկարությունը: _____
   Ի՞նչ եք կարծում, ո՞րն է ամենատարածված ձեռքի ափի երկարությունը ամբողջ դասարանի համար: Բացատրեք, թե ինչու:

   _____
   _____
   _____
   _____
   _____

Դաս 23. Հավաքեք և գրանցեք չափման տվյալները աղյուսակի մեջ, պատասխանեք հարցերին և ամփոփեք տվյալների շարքը: 271

Copyright © Great Minds PBC

2. Գրանցեք դասարանի տվյալները։

Գրանցեք դասարանի տվյալները՝ տրված աղյուսակում գծիկներով նշումներ կատարելով։

Թիզ	Մարդկանց քանակի գծիկով նշումներ
3 դյույմ	
4 դյույմ	
5 դյույմ	
6 դյույմ	
7 դյույմ	
8 դյույմ	

Ձեռքի ափի ո՞ր երկարությունն է ամենատարածվածը։ _____

Ձեռքի ափի ո՞ր երկարությունն է ամենաքիչ տարածվածը։ _____

Հարցրեք և պատասխանեք համեմատության հարցին, որը կարելի է անել վերը նշված տվյալների հիման վրա։

Հարց. _____

_____

Պատասխան. _____

_____

ՄԻԱՎՈՐՆԵՐԻ ՊԱՏՄՈՒԹՅՈՒՆ   Դաս 23 Խնդիրներ   2•7

Անուն _____   Ամսաթիվ _____

1. Չափեք ստորև բերված ուղիղները դյույմերով: Գրանցեք տվյալները՝ գծիկներով նշումներ կատարելով տրված աղյուսակում:

   A ուղիղ _____
   B ուղիղ _____
   C ուղիղ _____
   D ուղիղ _____
   E ուղիղ _____
   F ուղիղ _____
   G ուղիղ _____

Ուղիղի երկարությունը	Ուղիղների թիվը
5 դյույմից կարճ	
5 դյույմից երկար	
5 դյույմին հավասար	

2. Քանի՞ ուղիղ կա 5 դյույմից կարճ՝ 5 դյույմ երկարություն ունեցող ուղիղների համեմատ:

   _____

3. Ինչքա՞ն է 5 դյույմից կարճ թվային ուղիղների երկարությունների տարբերությունը և 5 դյույմից երկար թվային ուղիղների երկարությունների տարբերությունը: _____

4. Հարցրեք և պատասխանեք համեմատության հարցին, որը կարելի է անել վերը նշված տվյալների հիման վրա:

   Հարց. _____
   _____

Փոխեք թղթերը ընկերոջ հետ: Թող ձեր ընկերը պատասխանի ձեր հարցին թղթի հետևի կողմում:

Դաս 23. Հավաքեք և գրանցեք չափման տվյալները աղյուսակի մեջ, պատասխանեք հարցերին և ամփոփեք տվյալների շարքը: 273

Copyright © Great Minds PBC

ՄԻԱՎՈՐՆԵՐԻ ՊԱՏՄՈՒԹՅՈՒՆ   Դաս 23 Գնահատման թերթիկ   2•7

Անուն _____ Ամսաթիվ _____

1. Ստորև ուղիղներն արդեն չափվել են ձեզ համար: Գրանցեք տվյալները՝ գծիկներով նշումներ կատարելով տրված աղյուսակում և պատասխանեք ստորև նշված հարցերին:

    A ուղիղ   5 դյույմ _____

    B ուղիղ   6 դյույմ _____

    C ուղիղ   4 դյույմ _____

    D ուղիղ   6 դյույմ _____

    E ուղիղ   3 դյույմ _____

Ուղիղի երկարությունը	Ուղիղների թիվը
5 դյույմից կարճ	
5 դյույմից երկար	

2. Եթե պարզվեր, որ 8-ով շատ ուղիղներ են 5 դյույմից երկար և 12-ով՝ շատ ուղիղներ են 5 դյույմից կարճ, ինչքա՞ն գծիկով նշումներ կլինեին աղյուսակում:

    _____

Դաս 23. Հավաքեք և գրանցեք չափման տվյալները աղյուսակի մեջ, պատասխանեք հարցերին և ամփոփեք տվյալների շարքը:

ՄԻԱՎՈՐՆԵՐԻ ՊԱՏՄՈՒԹՅՈՒՆ Դաս 24 Գործնական խնդիր 2•7

R (ուշադիր կարդացեք խնդիրը:)

Մայքը, Դենիսը և Էյփրիլը մետաղադրամներ հավաքեցին ավտոկանգառից: երբ նրանք հաշվեցին իրենց մետաղադրամները, պարզվեց, որ նրանք ունեին 24 պեննի 15 հինգցենտանոց, 7 տասցենտանոց և 2 քսանհինգցենտանոց մետաղադրամներ: Նրանք բոլոր պեննիները դրեցին մի բաժակի մեջ, իսկ մյուս մետաղադրամները՝ ուրիշ բաժակի մեջ: Ո՞ր բաժակի մեջ ավելի շատ մետաղադրամ հավաքվեց: Ինչքանո՞վ շատ:

D (Նկար նկարեք:)

W (Գրեք և լուծեք հավասարումը:)

Դաս 24. Չափման տվյալները ներկայացնելու համար գծեք գծային գրաֆիկ, համեմատեք չափման սանդղակը թվային ուղիղի հետ:

W (Գրեք իրադրությանը համապատասխան պնդում:)

_____

_____

_____

Անուն ______________________________ Ամսաթիվ ______________

Աղյուսակի տվյալներով կազմեք գծային գրաֆիկ և պատասխանեք հարցերին:

1.

Մատիտի երկարությունը (դյույմ)	Մատիտների թիվը
2	|
3	||
4	卌 |
5	卌 ||
6	卌 |||
7	||||
8	|

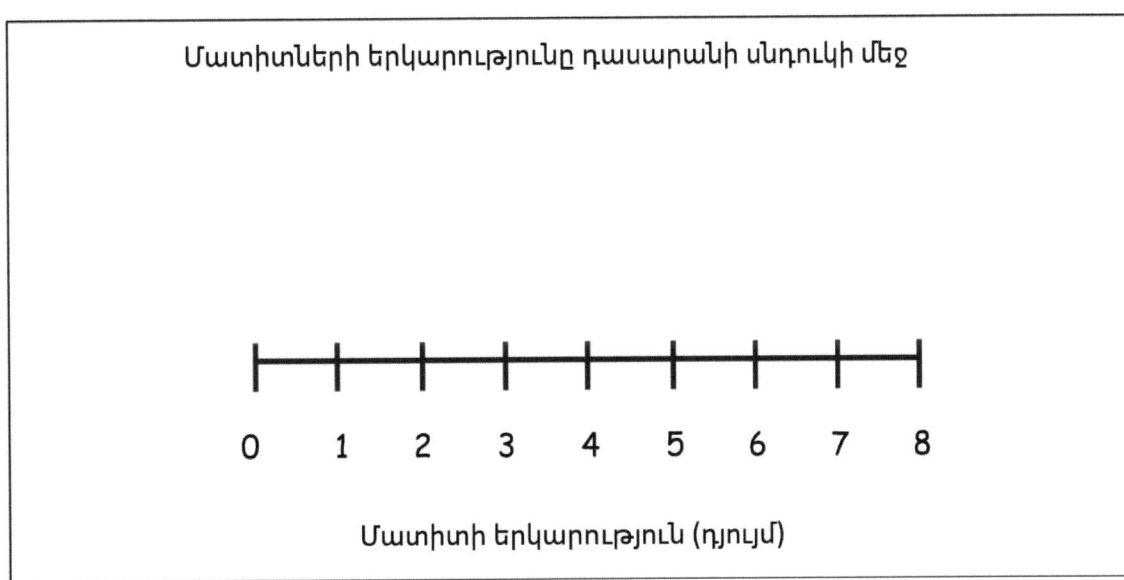

Մատիտների երկարությունը դասարանի սնդուկի մեջ
0 1 2 3 4 5 6 7 8
Մատիտի երկարություն (դյույմ)

Նկարագրեք գծային գրաֆիկի պատկերը.

____

____

2.

Ժապավենաթելերի երկարությունը (սանտիմետր)	Ժապավենաթելերի քանակը
14	|
16	|||
18	卌 |||
20	卌 ||
22	卌

Ժապավենի գրություններ արվեստի և արհեստի սնդուկի մեջ

Ուղիղի սխեմա

a. Նկարագրեք գծային գրաֆիկի պատկերը:

____

____

b. Քանի՞ 18 սանտիմետրանոց կամ ավելի երկար ժապավեն կա: ____________

c. Քանի՞ 16 սանտիմետրանոց կամ ավելի երկար ժապավեն կա: ____________

d. Կազմեք ձեր համեմատության հարցը՝ տվյալների հիման վրա:

____

____

Անուն _____ Ամսաթիվ _____

Աղյուսակի տվյալներով կազմեք գծային գրաֆիկ:

Դասարանային մատիտների ամանի միջի յուղամատիտների երկարությունը

Յուղամատիտի երկարությունը (դյույմ)	Յուղամատիտների թիվը
1	|||
2	┼┼┼┼ ||||
3	┼┼┼┼ ||
4	┼┼┼┼

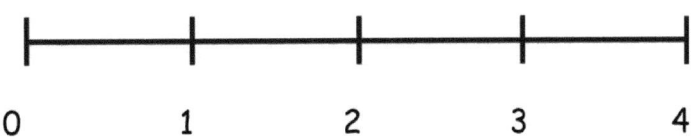

Յուղամատիտի երկարություն (դյույմ)

R (ուշադիր կարդացեք խնդիրը:)

Սրանք Շենոնի դրոշմանիշների հավաքածուի դրոշմանիշների տեսակներն ու համարներն են:

Դրոշմանիշի տեսակը	Դրոշմանիշների քանակը
Տներ	16
Կենդանիներ	8
Ծննդյան օր	9
Հայտնի երգիչներ	21

Նրա ընկեր Մայքլը տալիս է նրան մի քանի դրոշների դրոշմանիշներ: Եթե նրա տված դրոշների դրոշմանիշները 7-ով պակաս լինեն ծննդյան օրվա և կենդանիների դրոշմանիշներից միասին վերցրած, քանի՞ դրոշների դրոշմանիշներ կունենա Շենոնը:

Լրացուցիչ խնդիր. Եթե դրոշների դրոշմանիշներն արժեն յուրաքանչյուրը 12 ցենտ, ինչքա՞ն կլինի Շենոնի դրոշների դրոշմանիշների ընդհանուր արժեքը:

D (նկար նկարեք:)

W (Գրեք և լուծեք հավասարումը:)

ՄԻԱՎՈՐՆԵՐԻ ՊԱՏՄՈՒԹՅՈՒՆ

Դաս 25 Գործնական խնդիր

W (Գրեք իրադրությանը համապատասխան պնդում:)

_____

_____

_____

Անուն ________________________________ Ամսաթիվ ______________

Աղյուսակի տվյալներով կազմեք գծային գրաֆիկ և պատասխանեք հարցերին:

1. Աղյուսակում պարոն Յինի դասղեկական դասարանում ցուցադրվող երկրորդ դասարանի աշակերտների հասակներն են:

Երկրորդ դասարանի աշակերտների հասակը	Աշակերտների թիվը
40 դյույմ	1
41 դյույմ	2
42 դյույմ	2
43 դյույմ	3
44 դյույմ	4
45 դյույմ	4
46 դյույմ	3
47 դյույմ	2
48 դյույմ	1

Վերնագիր ________________________________

Ուղիղի սխեմա

a. Ինչքա՞ն է տարբերությունը ամենաբարձրահասակ աշակերտի և ամենակարճահասակ աշակերտի միջև:

b. Քանի՞ աշակերտ կա, որ 44 դյույմից բարձրահասակ է: 44 դյույմից ցածրահասակ է:

Դաս 25. Չափման տվյալները ներկայացնելու համար գծեք գծային գրաֆիկ, պատասխանեք հարցերին և եզրակացություններ արեք՝ չափման տվյալների հիման վրա:

Copyright © Great Minds PBC

2. Այդուսակում ներկայացված են թղթերի երկարությունները, որոնք երկրորդ դասարանի աշակերտներն օգտագործում են իրենց արվեստի աշխատանքներում:

Թղթի երկարությունը	Աշակերտների թիվը
3 ֆուտ	2
4 ֆուտ	11
5 ֆուտ	9
6 ֆուտ	6

Վերնագիր ________________________________

Ուղիղի սխեմա

a. Քանի՞ արվեստի աշխատանքներ են կատարվել: __________

b. Թղթի ո՞ր երկարությունն է ամենից հաճախ հանդիպում: __________

c. Եթե ևս 8 աշակերտ օգտագործեր 5 ֆուտ երկարությամբ թուղթ և ևս 6 աշակերտ օգտագործեր 6 ֆուտ երկարությամբ թուղթ, ինչպե՞ս կփոխվեր գծային գրաֆիկի պատկերը:

____

____

d. Եզրակացություն արեք գծային գրաֆիկի տվյալների վերաբերյալ:

____

____

ՄԻԱՎՈՐՆԵՐԻ ՊԱՏՄՈՒԹՅՈՒՆ   Դաս 25 Գնահատման թերթիկ   2•7

Անուն _____   Ամսաթիվ _____

Պատասխանեք հարցերին՝ օգտվելով ստորև ներկայացված գծային գրաֆիկից:

Դպրոցի բեյսբոլի խաղի յուրաքանչյուր դասարանում սովորողների թիվը

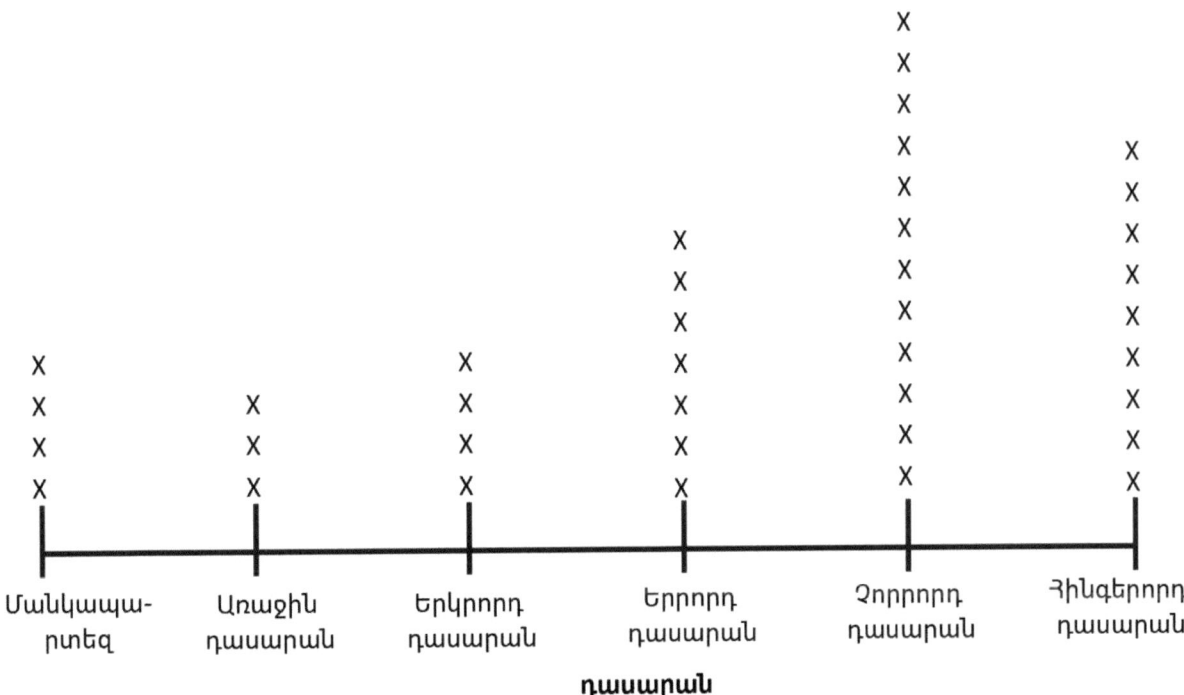

1. Քանի՞ աշակերտ գնաց բեյսբոլի խաղին: _____

2. Ի՞նչ տարբերություն կա բեյսբոլի խաղին մասնակցած առաջին դասարանցիների թվաքանակի և չորրորդ դասարանցիների թվաքանակի միջև: _____

3. Հնարավոր բացատրություն մտածեք, թե ինչու են ավելի շատ բարձր դասարանի աշակերտներ մասնակցել:
   _____
   _____

R (ուշադիր կարդացեք խնդիրը:)

Զուդին գնեց MP3 նվագարկիչ և ականջակալներ: Ականջակալներն արժեին $9, ինչը $48-ով պակաս է MP3 նվագարկչի գնից: Ինչքա՞ն մանր պետք է Զուդին հետ ստանա, եթե գանձապահին նա տվել է $100-անոց թղթադրամ:

D (նկար նկարեք:)

W (Գրեք և լուծեք հավասարումը:)

W (Գրեք իրադրությանը համապատասխան պնդում:)

_____

_____

_____

ՄԻԱՎՈՐՆԵՐԻ ՊԱՏՈՒԹՅՈՒՆ   Դաս 26 Խնդիրներ   2•7

Անուն _____   Ամսաթիվ _____

Օգտվելով աղյուսակի տվյալներից՝ պատասխանեք հարցերին:

1. Ստորև բերված աղյուսակում ներկայացված են բասկետբոլիստների և հանդիսատեսների հասակները, ում հարցում են արել բասկետբոլի խաղի ժամանակ:

Հասակ (դյույմ)	Մասնակիցների թիվը
25	3
50	4
60	1
68	12
74	18

a. Որքա՞ն է բասկետբոլի խաղի ժամանակ հարցաքննված մարդկանց մեծ մասի հասակը: _____

b. Քանի՞ մարդ ունի 60 դյույմ և ավելի հասակ: _____

c. Ի՞նչ կարող եք ասել բասկետբոլի խաղին մասնակցած մարդկանց մասին:

_____

d. Ինչու՞ այդ տվյալների համար գծային գրաֆիկ կազմելը դժվար կլինի:

_____
_____

e. Այս տվյալների համար **գծային գրաֆիկով / աղյուսակով** (շրջանակի մեջ առեք մեկը) ավելի հեշտ է կարդալ, քանի որ ...

_____
_____

Դաս 26. Չափման տվյալները ներկայացնելու համար գծեք գծային գրաֆիկ, պատասխանեք հարցերին և եզրակացություններ արեք՝ չափման տվյալների հիման վրա:

291

ՄԻԱՎՈՐՆԵՐԻ ՊԱՏՄՈՒԹՅՈՒՆ

Դաս 26 Խնդիրներ 2•7

Աղյուսակի տվյալներով կազմեք գծային գրաֆիկ և պատասխանեք հարցերին։

2. Ստորև բերված աղյուսակում ներկայացված է տիկին Ռիչիի դասարանի մատիտների երկարությունը սանտիմետրերով։

Երկարություն (սանտիմետր)	Մատիտների թիվը
12	1
13	4
14	9
15	10
16	10

a. Քանի՞ մատիտ են չափել։ _____

b. Եզրակացություն արեք, թե ինչու են մատիտների մեծ մասը 15 և 16 սմ.

_____

_____

c. Այս տվյալների համար **գծային գրաֆիկով / աղյուսակով** (շրջանակի մեջ առեք մեկը) ավելի հեշտ է կարդալ, քանի որ...

_____

_____

ՄԻԱՎՈՐՆԵՐԻ ՊԱՏՄՈՒԹՅՈՒՆ   Դաս 26 Գնահատման թերթիկ   2•7

Անուն _____   Ամսաթիվ _____

Աղյուսակի տվյալներով կազմեք գծային գրաֆիկ և պատասխանեք հարցերին:

Ստորև բերված աղյուսակում ներկայացված են ֆուտբոլային թիմի երկրորդ դասարանի աշակերտների հասակները:

Հասակ (դյույմ)	Աշակերտների թիվը
35	3
36	4
37	7
38	8
39	6
40	5

Դաս 26. Չափման տվյալները ներկայացնելու համար գծեք գծային գրաֆիկ, պատասխանեք հարցերին և եզրակացություններ արեք՝ չափման տվյալների հիման վրա:

293

Մեր գրչատուփի մեջ գտնվող առարկաների երկարությունը	Առարկաների թիվը
6 սմ	1
7 սմ	2
8 սմ	4
9 սմ	3
10 սմ	6
11 սմ	4
13 սմ	1
16 սմ	3
17 սմ	2

Ջերմաստիճանը մայիսին	Օրերի թիվը
59°	1
60°	3
63°	3
64°	4
65°	7
67°	5
68°	4
69°	3
72°	1

Երկարության և ջերմաստիճանի աղյուսակներ

Դաս 26. Չափման տվյալները ներկայացնելու համար գծեք գծային գրաֆիկ, պատասխանեք հարցերին և եզրակացություններ արեք՝ չափման տվյալների հիման վրա:

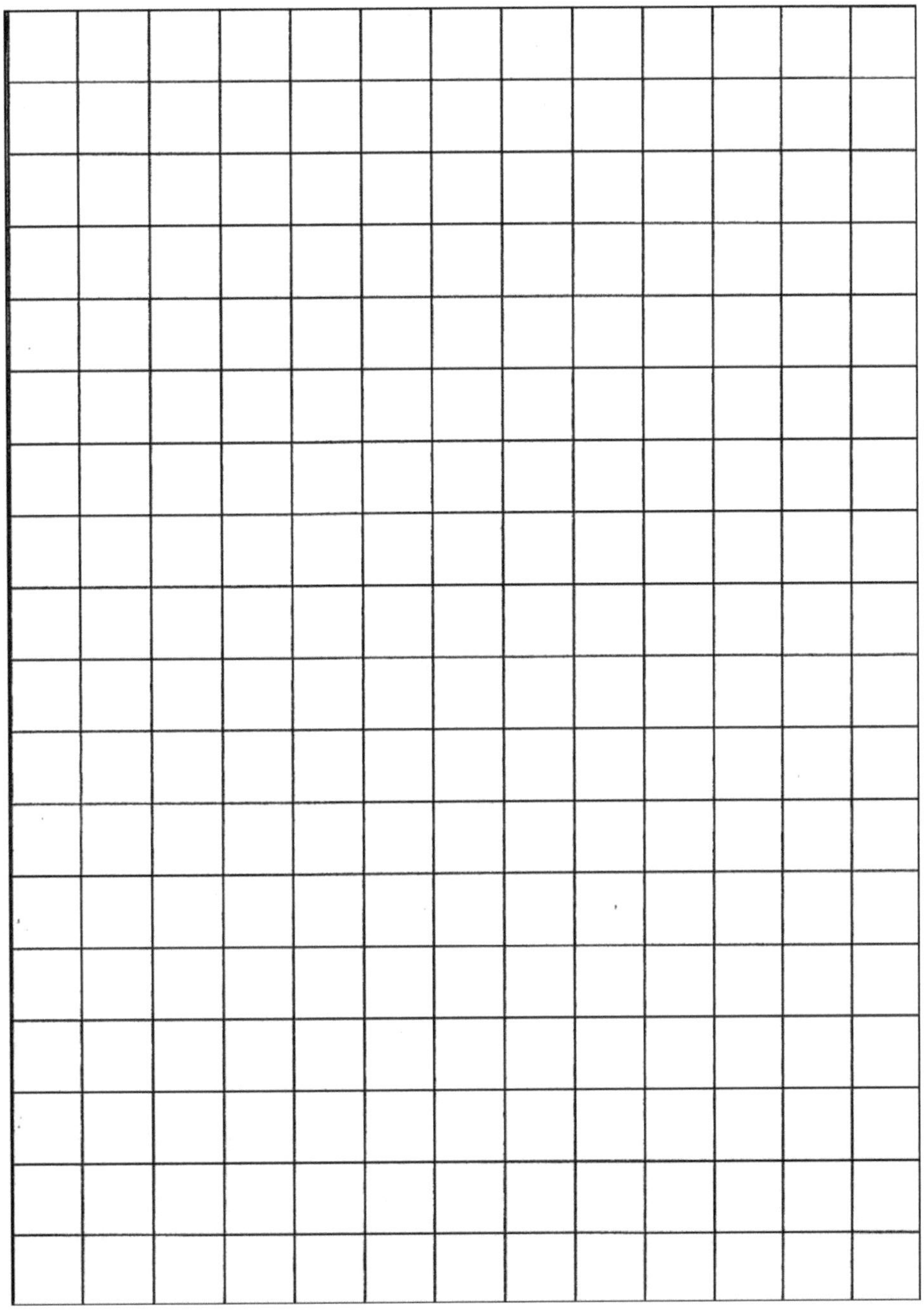

ՄԻԱՎՈՐՆԵՐԻ ՊԱՏՄՈՒԹՅՈՒՆ   Դաս 26 ՁևԱնմուշ 2

միլիմետրաթուղթ

Դաս 26.   Չափման տվյալները ներկայացնելու համար գծեք գծային գրաֆիկ,
պատասխանեք հարցերին և եզրակացություններ արեք՝ չափման
տվյալների հիման վրա:

ՄԻԱՎՈՐՆԵՐԻ ՊԱՏՄՈՒԹՅՈՒՆ   Դաս 26 Զննանմուշ 3

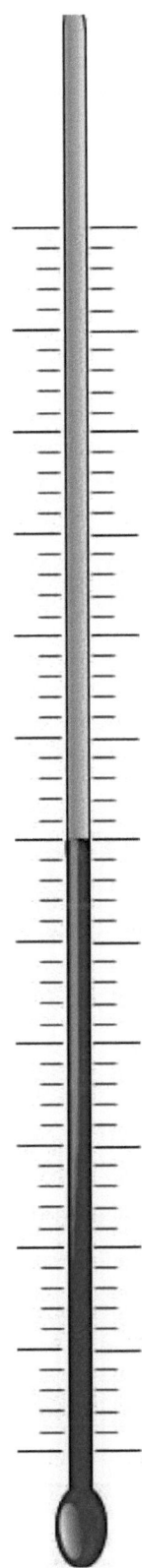

───────────────
ջերմաչափ

Դաս 26.   Չափման տվյալները ներկայացնելու համար գծեք գծային գրաֆիկ, պատասխանեք հարցերին և եզրակացություններ արեք՝ չափման տվյալների հիման վրա։

Հավաստագիր

Great Minds®-ը ամեն ջանք գործադրել է՝ հեղինակային իրավունքով պաշտպանված բոլոր նյութերի վերատպման թույլտվությունը ստանալու համար: Եթե հեղինակային իրավունքով պաշտպանված սույն նյութում որևէ սեփականատեր նշված չի, խնդրում ենք ճանաչման համար կապ հաստատել «Great Minds»-ի հետ՝ այս մոդուլի հետագա բոլոր հրատարակված և վերատպված տարբերակների համար:

- 266 էջ, Joao Virissimo/Shutterstock.com

Printed by Libri Plureos GmbH in Hamburg,
Germany

9 781649 291677